GUIDE SÉRICICOLE.

ESSAI
sur la Culture du Mûrier
et l'Éducation du Ver-à-Soie.

DÉGÉNÉRESCENCE
ET RÉGÉNÉRESCENCE.

Par J. F. SALEL,

Secrétaire de la mairie de Bességes.

à Alais,

Chez J. Martin, imprimeur-libraire, Grand'Rue, 74.

1864.

ESSAI SUR LA CULTURE DU MURIER

ET L'ÉDUCATION DU VER-A-SOIE.

PREMIÈRE PARTIE.

CULTURE DU MURIER.

I.

> Les eaux d'un fleuve deviennent bourbeuses à mesure qu'elles s'éloignent de leur source où elles étaient pures : l'homme erre de plus en plus à mesure qu'il s'éloigne davantage des lois premières de la nature auxquelles il faut revenir toujours.

Le Mûrier, s'il est planté sur un terrain dont les conditions lui soient favorables, se développe vite, et, en peu d'années, peut atteindre une dimension remarquable parmi nos grandes espèces indigènes.

Il se distingue par la structure régulière de ses branches, l'élan de ses jets, la fraîche verdure de son feuillage épais, abondant, dont le ver-à-soie fait son aliment.

Importé de l'Extrême-Orient, naturel aux zones équatoriales, il ne peut être acclimaté avec avantage que jusqu'au 100me degré de latitude et à 400 mètres environ au-dessus du niveau de la mer; au-delà et à une altitude plus élevée, son exploitation rencontre des obstacles de température insurmontables.

Le mûrier est, de sa nature, susceptible d'une forte végétation, mais il n'atteint son plus haut degré de développement, il ne donne de bons produits qu'aux conditions suivantes :

1° *Abondance de sucs propres et épaisseur suffisante de l'humus qui le reçoit ;*

2° *Humidité constante et tempérée de la couche végétale que pénètrent ses racines ;*

3° *Défeuillage aussi printanier que possible ;*

4° *Une structure, dans ses rameaux, conforme à sa constitution et à sa puissance végétative ;*

5° *Appropriation des espèces à la qualité du terrain et à son emplacement relatif.*

A ces conditions le mûrier croît promptement, donne de bons produits, ne périt pas subitement, et atteint un âge avancé, s'il est de bonne espèce.

Depuis que l'on cultive le mûrier, il nous semble que l'on aurait dû plus tôt reconnaître les exigences de son économie propre, et aider sa végétation au lieu de la gêner : par spéculation en vue d'un plus grand rendement annuel, — afin que la feuille soit plus facile à ramasser, — pour avoir le mûrier moins bâtard, on le rend nain, on fait choix de la pire espèce, on le tue lentement. Il serait étrange, dira-t-on, que l'expérience de deux siècles n'ait pu révéler aux sériciculteurs le mode de culture propre au mûrier, et qu'on ne fût revenu d'un écart à ce sujet? Le fait est étonnant, il est vrai, et pourtant nous croyons pouvoir établir dans cet opuscule que partout où l'on exploite ce végétal, il est impitoyablement maltraité ; que les soins qu'on lui donne, comme ceux qu'on lui refuse, tendent non seulement à des résultats négatifs, le laissent languir, stationnaire et rabougri, mais causent encore son dépérissement.

Sans eau, sans chaleur pas de végétation. — Le premier de ces deux éléments est essentiel comme véhicule des sucs nourriciers qu'il porte aux suçoirs des racines, comme principe délayant de ces sucs, et, à son tour, comme élément de leur composition. La chaleur n'est pas moins nécessaire : les rayons du soleil opèrent le mouvement ascensionnel de la sève, influent sur son mouvement vertical, sur la coloration des tissus, dilatent les canaux, fécondent la moelle, hâtent la maturité. Le mûrier devant, deux fois de suite, produire son feuillage et refaire son chevelu, plus qu'aucun autre arbre réclame l'abondance de ces éléments. C'est à ce double point de vue qu'il veut être exposé au midi, sous l'action d'un soleil ardent, à l'abri des grands vents, des fortes gelées, et à des niveaux intermédiaires, recevant le suintement des eaux d'un niveau supérieur et en laissant passer l'excédant à un niveau plus bas; car, quoique très appétent pour l'eau, il se refuse à être submergé.

Les canaux absorbants du mûrier sont très dilatés et

en grand nombre ; leur tubulure se voit à l'œil nu, surtout dans les racines. On peut citer aussi comme un caractère du mûrier l'abondance de sa moelle, la régularité des polyèdres de cet organe, caractère commun à tous les végétaux à feuilles palmées, consommant beaucoup d'eau, exigeant beaucoup de chaleur, et fortement germinifères. Le plus saillant caractère du mûrier consiste dans l'ampleur et la multiplicité de ses feuilles, et leur état fortement aqueux. — Hâtons-nous de le dire, le ver-à-soie devant manger beaucoup, son aliment devait abondamment comporter sa boisson.

Les feuilles du mûrier offrent aux rayons du soleil, à leur action dilatante, une telle surface que la circulation de la sève s'opère chez ce végétal avec une activité remarquable ; ses racines, d'autre part très tubulées, permettent aux sucs d'exécuter promptement et avec abondance leur ascension au rameau où, disons-nous, l'action dilatante du soleil les appelle. La même activité ne saurait avoir lieu chez l'amandier, l'olivier et autres à feuilles capillaires, et chez lesquels les canaux sucifères sont plus oblitérés ; ils peuvent être plus printanniers, car leur sève exigeant moins d'eau, exige aussi moins de chaleur ; mais leur feuillage, n'offrant au soleil qu'une faible surface, multiplie moins son action, et l'ascension de la sève s'opère chez ces espèces, sinon plus lentement, avec moins d'abondance. En résumé, l'économie du mûrier comporte beaucoup d'eau, et sa végétation, d'ailleurs très active, tourne en grande partie au profit de son feuillage. L'humidité, dans le terrain qui reçoit le mûrier, est donc une condition première ; chaque année il doit souffrir beaucoup du manque de cet élément : il doit sécher subitement, s'il en est trop et trop longtemps privé, et que des faits de culture, loin de combattre ces accidents naturels, viennent ajouter à leur action annuellement débilitante et enfin destructive ; nous disons annuellement, car ce n'est qu'en apparence que le mûrier meurt subitement : la racine-mère est pourrie souvent cinq ou dix ans avant la chute du sujet.

II.

Hypothèses sur le dépérissement du Mûrier.

En voyant les mûriers périr en grand nombre, subitement et en pleine végétation, à côté d'autres arbres qui n'offrent jamais ou presque jamais le cas de dépérissement subit, on se demande pourquoi, et l'on incline à croire que c'est à quelque élément destructeur qu'il faut en attribuer la cause. Nullement, c'est à sa culture, à des errements d'exploitation, aux mauvaises conditions de l'emplacement, au mauvais choix des espèces, non appropriées à ces conditions, à la greffe, à la taille, et surtout au défeuillage. Vainement avons-nous cherché ailleurs les causes du rabougrissement du mûrier, de son dépérissement exceptionnel sur certains emplacements. Peut-on supposer en effet dans le sol la présence de quelque minéral destructeur, ou de parasites hostiles aux grands végétaux? Mais comme le noyer, l'amandier, le figuier, le chêne, etc., ne meurent pas là où les mûriers sont comme moissonnés par la maladie, il faudrait supposer que ce principe destructeur, quel qu'il soit, n'attaque que le mûrier, et presque exclusivement que les jeunes sujets, ce qui est absurde. Le mûrier sauvageon, qu'il faut prendre pour type, et les grands mûriers vétérants, moins atteints, ceux surtout d'espèce bâtarde, ne périssent subitement qu'aux mêmes conditions que le chêne, le châtaignier; comme ceux-ci, le mûrier sauvageon, s'il est mal placé, reste à l'état d'arbuste; chétif, il grandit peu, mais ne meurt pas subitement, ou bien plus rarement. Le dépérissement du mûrier est un fait de l'exploitation; il ne se constate généralement que sur le jeune mûrier de greffe, transplanté. Pour nous, c'est dans la greffe, le défeuillage tardif, la taille en boule, l'exclusion de tout sommet que réside son étiolement; ainsi affaibli, des conditions anormales du sol qui le reçoit, des intermittences d'humidité viennent hâter et enfin déterminer son dépérissement subit, qu'on dirait presque spontané. S'il n'en était pas ainsi, pourquoi la racine-mère serait-elle la première frappée? car elle porte toujours des signes d'une affection antérieure. Pourquoi, sur cinquante cas de dépérissement en rencontre-t-on à peine un où cette racine soit saine et les racines latérales décomposées? Pourquoi le mûrier ne se dessèche-t-il pas à toutes ses phases, et quels qu'en soient l'âge et l'espèce? Pourquoi les mûriers d'espèce bâtarde atteignent-ils un âge trois fois séculaire? Pourquoi le dépérissement du mûrier coïncide-t-il toujours aux époques de sècheresse? Pourquoi périt-il sur certains terrains, lorsque cela n'a pas lieu sur des terrains de même nature, mais différemment situés? Pourquoi le bois de mûrier est-il généralement moins sain que celui des autres arbres de même âge? Chacune de ces objections trouvera dans notre thèse une solution raisonnable.

Des appréciations générales n'étant pas suffisantes au commun des lecteurs, et les causes du dépérissement étant complexes, nous allons les formuler sommairement pour les discuter ensuite une à une, le plus brièvement possible.

1° *Le dépérissement du mûrier est une création de l'exploitation elle-même ; ce dépérissement n'est pas absolument particulier au mûrier.*

2° *Les terrains sont favorables ou défavorables au mûrier, en raison surtout de leur emplacement relatif.*

3° *Il est diverses espèces de mûriers et leurs variétés fournissent des caractères assez marqués pour que, la nature d'un terrain et son emplacement étant connus, on y cultive telle espèce, de préférence à telle autre.*

4° *Le défeuillage est débilitant ; s'il est trop tardif, il cause ou hâte le dépérissement subit.*

5° *La taille en boule, anti-constitutionnelle, amène l'affaissement des branches, d'où la strangulation des canaux, une perte des rayons du soleil, lenteur de la sève, étiolement du sujet.*

6° *Les produits ainsi obtenus sont de mauvaise nature, à la longue ils peuvent contribuer à la dégénérescence du ver et diminuer la qualité de la soie.*

III.

Le dépérissement du mûrier est un fait de son exploitation. Il n'est pas particulier à l'espèce.

Les proportions étonnantes du dépérissement du mûrier furent pour nous une raison de ne pas croire à des causes imaginaires, et de ne chercher ces causes que dans sa culture.

Il fallait admettre d'abord qu'il est des terrains peu propres à le recevoir, comme il en est de peu propres à recevoir le châtaignier, le noyer, même dans le Midi où une plus grande chaleur semblerait devoir leur être favorable. Il fallait reconnaître que son exploitation constitue en elle-même un fait exceptionnel. Son défeuillage, en effet, n'est-il pas un fait unique en arboriculture ? Il n'est pas vrai d'ailleurs que le mûrier soit la seule espèce qui offre des cas de dessèchement subit ; il n'est pas rare de voir dessécher des châtaigniers dans les emplacements qui leur sont défavorables; il est des terrains où le châtaignier aussi dessècherait en masse, et où pour cette raison l'on ne songe même pas à le cultiver.

Tranchons la question sous le rapport de la greffe.

Les noyers, les châtaigniers, les cerisiers bâtards périssent moins facilement que les entes de leur espèce; la vitalité de ceux-ci est toujours en raison inverse de la perfection de la greffe : plus elle est pratiquée, moins le sujet a de la force et moins il vieillit. On comprend pourquoi : cette greffe change, exagère les produits du rameau sans apporter aucune nouvelle puissance à l'économie de la racine : les feuilles, les jets, les fruits, tout change dans le rameau, tandis que les organes absorbants de la racine restent les mêmes, ainsi que les éléments nutritifs. Ce fait constant pour toutes les espèces est également vrai pour le mûrier ; trouverait-on en effet, chez les mûriers de greffe, des sujets qui comptent, comme certains sujets d'espèce sauvage, un âge trois fois séculaire ? Cela admis, il serait ridicule de supposer qu'après avoir été greffés, le mûrier, le poirier et autres trouvent sur le même emplacement des éléments destructeurs qui n'existeraient point pour leur espèce bâtarde. Ce n'est pas le terrain qui a changé, c'est l'exploitation, c'est l'économie du sujet. En général, en changeant la constitution du végétal, la greffe diminue sa puissance, abrége sa longévité.

Chez les arbres fruitiers la greffe a une raison d'être ; pour le mûrier elle est loin d'être en tout point rationnelle. Elle est, il est vrai, plus productive ; avec des graines de ver-à-soie régénérées on pourra en tirer bon profit, mais il ne faut pas en faire une raison d'exclure les espèces bâtardes.

L'action débilitante de la greffe n'est rien en comparaison du défeuillage classique que subit annuellement le mûrier; le défeuillage est en effet un fait unique, et le mûrier seul peut le supporter lorsqu'il s'effectue dans de bonnes conditions. Si l'on défeuillait un chêne, un châtaignier....., si, au moment de leur plus grande activité, comme au mûrier, on extirpait leurs bourgeons, croyez que leur dépérissement ne serait pas moins fréquent, ni moins prompt que chez le mûrier. Les conséquences déplorables du défeuillage de certains végétaux par les chenilles en sont une preuve irrécusable : des forêts de pins envahies par des myriades de ces insectes en ont été presque détruites ; d'où les règlements administratifs sur l'échenillage. Que le mûrier, mieux qu'aucun autre arbre, se défende de ce défeuillage, nul ne le conteste ; mais nul ne peut contester non plus qu'il ne soit débilitant, souvent intempestif, destructif dans certains cas.

Lorsqu'on scie le tronc d'un mûrier, les couches circulaires qui comptent et délimitent ses années de végétation offrent des nuances de couleur et de consistance très marquées ; certaines de ces couches ligneuses se détachent d'elles-mêmes. Or les autres espèces n'offrant jamais au même degré cette décomposition locale des lames intercalaires, où en est la raison chez le mûrier de greffe ? — dans la différence même de ses cultures annuelles, toujours à peu près les mêmes chez les végétaux libres, surtout chez les non fruitiers, très variables chez le mûrier, en raison de son exploitation. Les arbres fruitiers donnent des fruits ou n'en donnent pas : le mûrier donne toujours des feuilles et on les lui prend toujours, et quelquefois à une époque où il ne peut plus en repousser : sa végétation est forcée.

Ces considérations générales, pour un bon nombre de lecteurs, établiraient suffisamment qu'il n'est pas de cause de dessèchement, de dépérissement au mûrier en dehors de la greffe, du défeuillage et des mauvaises conditions de l'emplacement. On doit s'étonner au contraire de ce qu'il est si vivace, et qu'il résiste si longtemps aux péripéties que lui font subir les travers combinés de l'intempérie des saisons et d'une exploitation exagérée. Le mûrier doit être ramassé, cela est bien entendu ; on ne peut pas avoir des vers-à-soie sans feuille, mais il ne doit pas l'être tellement tard qu'il en résulte le dépérissement du sujet. En somme nous voulons dire que le défeuillage est débilitant, qu'il doit être aussi printanier que possible, et qu'il ne doit pas s'exercer sur les sujets languissants ou qui font mine de périr.

IV.

Les terrains sont favorables ou défavorables, en raison surtout de leur emplacement relatif.

Dans certaines de nos régions séricicoles, le mûrier est un peu déplacé ; son économie exige un terrain meuble, exceptionnellement favorable sous le rapport de l'humidité des niveaux, de l'épaisseur du sol dans lequel il doit pouvoir développer toute sa puissance, à laquelle aussi doit concourir une forte chaleur. Ces conditions, communes du reste à tous les végétaux, sont rarement réunies dans nos pays séricicoles, eu égard surtout aux produits annuels que l'on exige de ce riche végétal.

Les terres calcaires, volcaniques, paraissent les plus favorables ; les terres franches, les grès conviennent également bien au mûrier ; viennent ensuite l'argile, l'alluvium tourbescent.

Mais on trouve de grands et de très vieux sujets sur des terrains absolument sablonneux, comme sur des terrains argileux. Au fond tous fournissent un aliment suffisant au mûrier ; c'est donc surtout eu égard à leur emplacement, à la nature du sous-sol, en vue de l'aménagement de l'humidité souterraine qu'il faut en apprécier la qualité.

La grande épaisseur de l'humus des vallons offre un avantage sur celui des côtes; sous d'autres rapports les côtes offrent un avantage sur les terrains plats, surélevés, alternativement susceptibles d'être submergés et de devenir arides : sur les côtes le mûrier n'est jamais submergé, et les niveaux supérieurs fournissent des suintements que ne sauraient absorber les couches sous-jacentes; sa végétation sur ces emplacements est plus tempérée, mais il n'atteint là qu'une taille ordinaire : on ne rencontre de grands mûriers que sur les terrains où l'humus est meuble, humide et profond.

Dans les vallons, les plaines, le long des cours d'eau, sont des terrains sans artères, gisant sur du sable ou du gravier, et sujets à devenir arides lors des sécheresses, après avoir été submergés durant plusieurs mois. Cet état de choses change brusquement l'économie du mûrier; il donne lieu à des variations dans la composition de la sève, variations d'autant plus marquées que le sujet est plus végétatif, d'espèce plus noble, et que, favorisé par certaines circonstances lors de son premier rendement, il est plus contrarié par l'absence de ces mêmes conditions et un défeuillage tardif. Submergé encore au mois de mai, il trouve dans l'abondance de l'eau un élément favorable à son activité; la sève qui a souffert d'eau en août dernier s'exagère actuellement de ce principe, pour en être privée encore à son prochain *second* rendement; mais c'est justement alors que les tissus se constituent; nul doute que ces variations de chimisme organique, par l'excès d'abord, puis par le manque d'eau ne contribue à la solution de la sève, et, par elle, des tissus nouveaux-nés, organes de l'année suivante. Peut-on dire que les autres espèces, périssant moins, sont cependant dans les mêmes conditions? Non; le défeuillage constitue pour le mûrier un état évidemment exceptionnel: chez le noyer et autres, la composition de la sève suit régulièrement son cours, sans secousses, sans intermittences; si les éléments nutritifs leur font défaut, leur végétation est un peu plus faible, ils hivernent plus tôt, voilà tout. Par le fait du défeuillage le mûrier est obligé d'improviser une nouvelle sève, de recommencer une nouvelle végétation qui l'épuise ou le tue en l'occurrence d'autres mauvaises conditions, et que la culture peut exagérer comme le défeuillage tardif: le châtaignier met douze mois à parfaire sa sève; le mûrier, par le fait du défeuillage tardif, est obligé dans deux mois de refaire tout son chevelu.

Ces appréciations sont-elles confirmées par des faits avérés? Le mûrier dessèche-t-il moins sur les côtes que sur les terrains surélevés, intermittents? Nous croyons l'avoir constaté. Il nous souvient d'avoir vu le long du Rhône deux plants de mûriers, situés, l'un sur un terrain sablonneux, l'autre sur un terrain argileux, relativement surélevés, où les sujets périrent presque tous dans l'espace de quatre ans. Chacun, dans sa localité, a pu comparativement faire la même observation.

Le dessèchement subit d'un terrain précédemment submergé est donc une des causes complexes du dépérissement du mûrier.

Le moyen de remédier à ce premier mal consiste à ne cultiver sur ces terrains intermittents que les espèces les moins appétantes pour l'eau, c'est-à-dire les plus bâtardes.

Existe-t-il entre les espèces des différences organiques assez marquées pour commander ce choix? C'est ce que nous allons établir dans l'article suivant.

V.

Des diverses Espèces de Mûriers.

Il y a, entre le mûrier sauvage d'espèce blanche et le mûrier de grosse greffe, une différence considérable et une infinité de variétés. Cette différence se manifeste dans la forme de tout le chevelu.

La feuille des espèces blanches, ainsi nommées de ce que les mûres en sont blanches, est crénelée, d'un vert tendre et vif. La feuille des espèces noires, grises, n'est que festonnée, de couleur vert-maure. Le chevelu tout entier des espèces blanches est plus grêle, d'une conformation plus capillaire, mais bien plus coriace, signes d'une organisation plus puissante; les branches sont plus lisses, les scions plus longs, les feuilles plus capillaires, plus minces, plus ligneuses. Les espèces noires et les espèces grises ont les branches plus tortueuses, les scions plus gros, plus courts, les bourgeons plus rapprochés. La pire espèce, c'est la grise, et pourtant, chose regrettable, dans bien des localités elle a envahi tous les champs réservés à ce riche végétal.

La variété des espèces résulte de la provenance des semences. La semence de la grosse greffe blanche et des jeunes sujets donne de la bâtarde blanche, dont le développement approche de certaine greffe de même espèce; la semence de petite greffe blanche et de vieux sujets donne de la bâtarde blanche excessivement menue; c'est l'espèce la plus vivace, et l'espèce par excellence sous le rapport de la vitalité du sujet et de la qualité de sa feuille. On trouve des sujets de cette variété qui comptent plus de cent ans et dont les troncs et les branches sont tellement sains qu'on ne saurait prévoir exactement l'époque de leur fin.

Cette plus grande vitalité du mûrier bâtard et sa longévité tiennent à plusieurs causes : son tissu organique est plus délié, plus contracté, plus ligneux, partant moins appétant pour l'eau ; il est, passez-nous le mot, plus tempérant; d'une végétation plus lente, moins gourmand, il semble résister à toute influence, favorable ou défavorable.

Le mûrier de greffe d'espèce grise qui fournit 100 kilogrammes de feuille, donne environ 25 kilogrammes de mûres; le mûrier bâtard n'en donne pas, ou en donne bien peu ; ce sont donc 25 kilogrammes de sève, ou si l'on veut, 25 kilogrammes de produits végétaux que le mûrier bâtard emploie au profit de son économie.

Ces faits, du reste, sont communs à tous les végétaux; moins ils sont greffés et plus ils sont vivaces. Voyez les châtaigniers sauvages que l'on cultive pour faire des cerceaux : leur bois, plus dur, est aussi plus flexible que celui des entes cultivés sur le même emplacement. Voyez les cerisiers bâtards, ils s'élancent comme le peuplier; voyez la vigne sauvage, elle grimpe jusqu'au sommet des plus grands arbres; voyez le figuier sauvage que le passereau a semé dans la fente d'une roche! il trouve là une nourriture suffisante; il ne donne pas de fruits, mais il vit longtemps et résiste à un froid extrême comme à une extrême chaleur.

Le mûrier sauvage, moins gourmand, plus vivace, est donc l'espèce qu'il convient de cultiver sur les terrains défavorables, intermittents, ceux, en un mot, où le mûrier périt facilement.

L'espèce la plus bâtarde pourrait, avec profit, être en pépinière, piquée le long des cours d'eau, parmi les osiers, sur les montagnes arides, concurremment avec les autres arbustes, pour peupler ces montagnes, en retenir la terre et entretenir leur fraîcheur, et aussi comme haies autour des champs où elle remplacerait les buissons et le coignassier. Cette culture particulière du mûrier sauvageon, sans exiger aucuns frais ni travail, offrirait des avantages bien réels et permettrait de mieux utiliser le sol d'un grand nombre de rivages et de collines incultes.

La sériciculture, par l'exploitation exclusive du sauvageon, pourrait être développée considérablement dans quelques départements et introduite dans ceux du

Centre, du Midi et de l'Algérie, où la raison des températures extrêmes l'en a fait rejeter; au Centre pour trop de froid, au Midi et en Algérie pour trop de chaleur, et aussi parce que les pluies y sont moins périodiques que dans nos climats tempérés.

VI.

Du Défeuillage sous divers points de vue.

Maintes fois nous avons entendu des sériciculteurs dire : « *Je préfère donner ma feuille que de laisser mes mûriers sans ramasser.* » Il est regrettable d'avoir à relever de telles erreurs : obliger un végétal à donner deux feuillages de suite ne peut dans aucun cas lui être profitable; il n'y a que le mûrier qui, par une puissance de végétation propre, puisse survivre à cette exubérance de ses produits, et il est une époque où, pour le mûrier aussi, un second rendement de bourgeons, de feuilles est intempestif: il est destructif s'il a lieu à l'approche de la maturité.

Y a-t-il parmi les arbres des sujets que l'on puisse défeuiller, dont on puisse extirper les bourgeons sans qu'ils éprouvent une altération profonde? Si l'on défeuillait, par exemple, un cerisier au mois de mai, un chêne au mois de juin, croyez-vous que ces sujets persisteraient longtemps sans donner des signes d'un prochain dépérissement? Évidemment non.

Passons des arbres aux plantes dont la racine est demi-ligneuse.

La luzerne donne jusqu'à cinq regains par an; mais supposons qu'au moment où elle commence à hiverner il lui reste une tige vivante sur laquelle le soleil puisse agir, qu'il force à végéter, et qu'en même temps l'humidité du sol fasse défaut: nécessairement cette plante périra; si, de fait, elle ne dessèche pas, c'est qu'en même temps que l'humus manque d'éléments nutritifs le soleil n'a plus de force, ou qu'une faible force sur la plante, la maturité en ayant détaché le rameau.

Il n'en est pas de même des grands végétaux: en même temps que, comme chez les simples, les sues et l'humidité surtout font défaut à une époque donnée, le soleil, agissant puissamment sur les branches, force le sujet à végéter, et s'il ne le peut, il périt, à moins que ses organes soient complets: végéter ou stationner sont les seuls états possibles du végétal, sinon les conditions de sa vie, en l'absence de l'une d'elles, deviennent causes de sa mort.

Nous admettons que le mûrier fait exception; après avoir été défeuillé il peut, par une puissance de bouture qui lui est propre, pousser de nouveaux jets et avec eux de nouvelles feuilles sans une trop grande perturbation pour son économie, quand surtout aucune autre cause ne vient ajouter à l'action débilitante du défeuillage; mais prétendre qu'il ne souffre nullement de ce défeuillage, et, comme le croient quelques-uns, qu'il lui est favorable, c'est la plus grave des erreurs. En effet, dans son second rendement, le mûrier donne des signes évidents de l'affaiblissement de son organisme : la seconde feuille est plus grossière que la première, elle est moins souple, plus bruyante, c'est-à-dire plus cassante ; moins odorante ; en un mot, moins riche de sève ; la moelle des scions nouveaux-nés ne fait point assez issue ou n'est pas assez développée pour donner naissance aux organes reproducteurs : dans son second rendement le mûrier ne donne plus de mûres. Quelque chose fait donc défaut au mûrier dans ce second rendement, il est affaibli, épuisé. Mais nous sommes encore dans la supposition que le défeuillage est printannier ; le mal doit être bien pire quand ce défeuillage n'a lieu qu'au moment où le mûrier touche à sa phase hivernante, qu'il a rendu toute sa sève ; en cet état, l'obliger à repousser tout de nouveau ne peut que lui être fatal ; aussi le mûrier tardivement défeuillé ne jette-t-il que de faibles scions, sa feuille en automne tombe prématurément et toute jaune. Au bout de quelques années de pareille culture, s'il ne périt subitement, son écorce, couverte de parasitisme, annonce assez la lenteur de sa végétation. Les mêmes symptômes de rabougrissement se manifestent-ils chez le mûrier auquel on abandonne sa feuille printannière ? Non, et le contraste des deux physionomies est frappant : le mûrier auquel on abandonne sa feuille, que l'on a façonné en janvier, auquel on a ménagé un fort sommet, acquiert en peu d'années un développement remarquable ; son écorce, fine, semble se renouveler chaque année, la chute de son feuillage, toujours vert, n'a lieu que lors des premières gelées; il ne meurt jamais subitement ou bien rarement. Cultivé sur un terrain profond, jamais défeuillé, le mûrier acquerrait une stature colossale, une longévité aussi fabuleuse que celle des cèdres du Liban. Si les sériciculteurs, faisant des essais, — à côté de mûriers défeuillés bien tard, — en élevaient un auquel ils laisseraient la feuille printanière tous les trois ans seulement, l'expérience, on ne peut en douter, nous donnerait hautement raison. L'observation, du reste, n'est pas neuve. Mais en profite-t-on, soit pour rajeunir le mûrier, soit pour prévenir son dépérissement?

Nous venons de signaler dans la physionomie externe du mûrier des caractères qui révèlent l'affaiblissement de son organisme par le défeuillage; voyons si, plus intérieurement étudié, des considérations théoriques peuvent être apportées à l'appui de ces considérations de fait.

L'arbre a deux organes principaux différant autant par leur structure que par leurs fonctions: le corps de la racine qui puise dans le sol les sucs nourriciers, le corps du rameau qui absorbe dans l'atmosphère la lumière et du carbone. Les feuilles absorbent le carbone: elles sont comme des poumons, comme des bronches pour la plante; priver momentanément le mûrier de cet organe, c'est le priver momentanément des éléments que cet organe est chargé d'introduire dans l'économie; or, après le défeuillage, le mûrier reste huit, dix jours sans chevelu, durant autant de temps ce chevelu est peu développé; il en résulte évidemment une perte ou une suspension d'absorption de gaz, préjudiciable au sujet; d'autre part les racines souffrant de la sècheresse produite par l'action d'un rayonnement plus intense du soleil sur un sol sans ombrage, n'envoient plus au rameau qu'une sève altérée, débilitée et peu abondante.

Il y a plus, la racine a des fonctions spéciales, relatives à son propre chevelu. Les matériaux complémentaires que le rameau absorbe dans l'atmosphère venant à manquer par le fait du défeuillage retardé, la sève s'épuise et les racines n'ont plus le temps de travailler à leur économie propre; certaines d'elles se décomposent, et, ne pouvant être éliminées ni facilement cicatrisées, entraînent peu à peu la décomposition de leurs congénères. Ici s'explique pourquoi la racine-mère est la première à périr, pourquoi elle est quelquefois pulvérisée dix ans avant la chute du sujet. Cette racine, comme la plus ancienne, a subi autant d'altérations que l'arbre compte d'années, elle est de plus en plus isolée de la circonférence du nœud végétal, passage obligé des deux sèves ascendante et descendante, que les racines latérales interceptent et absorbent exclusivement.

On sait que les mûriers d'espèce bâtarde craignent moins la froidure, qu'ils sont plus printaniers; cette dernière circonstance, jointe à l'état plus coriace de leurs feuilles, oblige les sériciculteurs à les ramasser les premiers; plus tard la feuille, trop dure, devient difficile à ramasser et donne lieu à des déchirements: cela vaut au mûrier bâtard d'être ramassé un mois environ avant ceux ramassés les derniers. C'est à ce défeuillage précoce qu'il faut attribuer en partie la longévité remarquable du mûrier sauvage ; à moins qu'il n'en fût pas ainsi, voilà une preuve de plus en faveur de notre principe : *le défeuillage est débilitant.*

Le sériciculteur, lorsqu'il met éclore, doit calculer son temps de manière qu'il en reste assez au mûrier pour repousser convenablement, afin de ne pas l'épuiser, et afin aussi, notez-le bien, de ne pas nourrir le jeune ver-à-soie d'une feuille trop dure. L'économie de feuille que l'on croit faire en reculant la mise à éclosion, est peu importante ; nous pensons au contraire que cela n'aboutit qu'à un résultat triplement négatif : l'année suivante on a un quart de moins de feuille, des mûriers desséchés, et la récolte des cocons est un peu compromise, car vous ne le niez pas, et vous le saviez avant nous : les jeunes vers ne s'accommodent guère d'une feuille trop fibreuse, et dans ce cas il doit en être de ce jeune insecte, passez-nous la comparaison, comme d'un enfant nouveau-né qu'on nourrirait d'aliments solides au lieu de le nourrir de lait. Beaucoup savent que le jeune ver, dont les dents consistent en deux scies qui se croisent, éprouve de la peine et perd un temps infiniment précieux à découper une feuille trop dure pour son âge. On comprend d'ailleurs qu'une feuille trop fibreuse ne lui offre pas un aliment propre ; ses viscères sont trop faibles pour digérer ce qu'elle a de trop ligneux, ou n'y trouve plus le parfum et les condiments naturels qu'elle perd en vieillissant. Aussi les vers ainsi nourris sont-ils frêles, et mettent-ils jusqu'à soixante jours à atteindre leur dernière phase.

A tout risque, mettez donc éclore toutes les années à peu près à la même époque ; vous vous en trouverez bien ; exploitez moins, mais exploitez mieux : la réussite en sera plus sûre, et vos mûriers, ramassés plus tôt, se défendront mieux des atteintes de l'aridité.

Que faut-il dire des récoltes d'automne ? Rien qu'un mot : elles sont absurdes, et l'administration devrait les défendre.

Comme corollaire de nos appréciations sur le défeuillage, il est un moyen de rajeunir le mûrier, quel que soit son âge, et de le rappeler à la vigueur, s'il fait mine de périr : c'est de lui abandonner la feuille. Alors on le taille en janvier, on le débarrasse de ses branches les plus basses, on lui ménage un sommet. Si le procédé est pratiqué à temps, très souvent le sujet que l'on croyait devoir succomber revivra, et ceux d'une végétation languissante reprendront leur vigueur. Les sériciculteurs intelligents savent cela et n'agissent du reste pas différemment. Ils reconnaissent que le défeuillage hors de saison cause le rabougrissement du mûrier, et il en est sans doute qui emploient, pour prévenir son dépérissement, le moyen que nous indiquons. Bien plus, nous croyons, nous, que si les sériciculteurs tenaient moins à récolter le plus et le plus tôt possible qu'à avoir de beaux arbres et à leur assurer une longue durée, ils leur donneraient à tous alternativement la feuille une fois par cinq ans. Au fond ce sacrifice ne serait pas une perte ; nous pensons, au contraire, que l'exploitation en bénéficierait du dix pour cent. On peut d'ailleurs cette année-là, sans trop gêner le mûrier, utiliser le terrain par une semence : luzerne, sainfoin ou autres.

Résumant nos appréciations sur le défeuillage, nous en déduisons les conclusions suivantes :

1° *Le défeuillage d'un végétal est en général chose insolite.*

2° *Le défeuillage du mûrier, en obligeant ce végétal à repousser une seconde fois, affaiblit, altère sa sève.*

3° *L'altération de la sève amène nécessairement l'altération du tissu nouveau-né, organe de l'année suivante.*

4° *Plus ce défeuillage est printanier, moins l'altération est pernicieuse ; le sujet, d'ailleurs dans de bonnes conditions, a le temps de se refaire ; il prospère malgré ce défeuillage.*

5° *Si le défeuillage est exagérément tardif, et qu'à cette cause coïncide une sècheresse, il hâte le dépérissement subit.*

6° *Le meilleur moyen de rajeunir un mûrier, c'est de lui donner sa feuille printanière après l'avoir façonné.*

7° *La feuille la plus printanière offre au jeune ver-à-soie l'aliment le plus convenable : il réussit mieux et donne une qualité de soie supérieure.*

8° *Enfin, sur les terrains les moins heureusement situés, où le défeuillage exagère les causes naturelles de sècheresse, il ne faut cultiver que les espèces les moins gourmandes : la petite greffe blanche, ou même la bâtarde blanche.*

VII.

Conséquences de la taille sphérique ou en boule sur l'économie du rameau.

La taille en boule, de jour en jour plus à la mode, a pour conséquence première d'anéantir tout élan, toute vitalité locale.

C'est en vain qu'une branche aurait plus de vigueur que les autres et tendrait à les entraîner dans son élan; en vain la sève, qui persiste à monter verticalement, tendrait-elle à se porter sur une branche centrale pour former le sommet, le savant sécateur, la hache meurtrière sont là pour tout niveler, sans égard pour la constitution, l'état et l'âge du sujet. L'ouvrier se place au milieu de l'arbre et il faut que de ce point, pendant plusieurs années, il puisse tout ramasser, tout tailler; son bras lui sert de mesure, comme à l'araignée la longueur de son corps pour distancer les fils de sa toile. L'arbre s'arrondit en effet, il est mathématiquement sphérique; non, pas entièrement: les branches centrales, justement celles qui devraient de beaucoup dominer les autres, sont les plus courtes; là l'ouvrier, changeant de mesure, arrête les branches centrales au niveau de ses épaules; la forme sphérique n'est pas assez élégante et il donne au mûrier la forme d'une coupe, d'une rosace. Ainsi toutes les branches sont jumelles, toutes sont également grosses, et autant au tiers de leur longeur qu'à la base; quelquefois elles sont plus grosses dans leur trajet qu'à leurs aisselles; elles rayonnent toutes sur un même point du tronc, plongeant comme celles du saule pleureur. Ces branches sont si étiolées, leurs aisselles sont si faibles que parfois, pour les ramasser, il faut les rallier par des cordes. Telle ne doit pas être la taille du mûrier : elle fausse complètement sa constitution; elle porte atteinte à la vitalité de la sève, paralyse la direction verticale des branches, direction seule normale chez le mûrier, amène la strangulation des canaux par l'affaissement des branches, ainsi soustraites aux rayons directs du soleil essentiellement vivifiants ; elle fait au sujet une constitution exceptionnelle, plus tard difficile à corriger et qui deviendra difforme par la nécessité d'amputer chacune de ses branches, car leur existence ne saurait être de longue durée. Tout cela est dû à l'exclusion complète d'un fort sommet, seule région de l'arbre où l'on trouve toujours sa constitution et toutes les conditions favorables à son développement.

La constitution du mûrier est la même que celle du chêne, du noyer, etc., chez lesquels on trouve toujours un sommet avec de fortes branches latérales. La taille, loin d'anéantir cette constitution et d'empêcher qu'une branche domine et forme le sommet, doit, au contraire, favoriser son développement.

Chez tous les arbres, les jets du sommet sont plus longs, plus robustes que ceux des branches latérales; la dépression, l'étiolement de celles-ci et de leurs scions est en raison directe de leur éloignement du sommet vers la base; les branches basses ne donnent que de faibles jets; les extrêmes basses n'ont qu'un tout petit bouquet à leur bout. Chez le mûrier taillé en boule les branches y ont toutes la physionomie du roseau, il ne saurait en être autrement : outre qu'elles sont toutes jumelles, latérales et affaissées par le fait de leur rayonnement sur un même point du tronc, elles s'ombragent entre elles, le soleil les tourne inutilement; parallèles à ses rayons, elles déclinent son action, semblent le prendre en affût et ne lui présentent que des pointes; les plus centrales de ces branches sont constamment dans l'ombre; aussi trouve-t-on dans l'intérieur de ces sujets moins de feuille qu'on l'aurait cru d'abord, et bon nombre de petites brondilles desséchées que l'ombrage a produites. Au contraire, chez les sujets à structure fortement pyramidale, les troncs, les branches, les jets, régulièrement échelonnés, perpendiculaires, présentant au soleil le plus de surface possible, manifestent un bon état de la sève, partout vivifiée.

Les fruits au sommet de l'arbre, en général, sont plus nombreux, de meilleure qualité et plus précoces que ceux des branches latérales; quand le contraire a lieu, c'est à cause d'une trop grande activité végétative : le fruit manque aux branches basses par atrophie, pauvreté de la sève et absence des rayons du soleil; il manque au sommet par hypertrophie, trop grande abondance de sucs ligneux au préjudice du corps médullaire. Le cerisier offre un cas remarquable de ces distinctions : son sommet, sauf le point le plus culminant, est toujours chargé de cerises ; ses branches les plus latérales en ont bien moins et ne mûrissent que tard. Mais cette pauvreté de la sève des branches basses, qui s'accuse par l'avortement et l'immaturité des fruits chez le cerisier, se constate de plus fort chez les mûriers exagérément sphériques ; dans les plants très épais, où pénètrent à peine quelques rayons directs du soleil, les mûres n'arrivent que très tard à la maturité, leur saveur est fade ; en cet état la mûre est un aliment dangereux : il nous souvient de l'avoir vue exciter de forts vomissements. Chez les sujets vieux, à haute tige, non ombragés, ce fruit mûrit à temps : il est sucré et ne nous paraît pas plus malfaisant qu'un autre, présage chez ces derniers sujets du bon état de la sève. Nous soupçonnons que si l'on faisait l'analyse des fruits, ceux mûris dans l'ombre donneraient une bien plus grande quantité d'acide carbonique, peu d'azote et peu de substance alcoolique. Ici s'offre une question d'un plus haut intérêt : Si l'analyse des deux feuilles donnait les mêmes résultats, si, comme nous le pensons, elle révélait dans la feuille ne végétant que dans l'ombre, une trop grande proportion, soit de carbone, soit d'azote, de l'errement que nous combattons naîtraient des appréciations bien autrement importantes que l'étiolement du mûrier ; on découvrirait peut-être dans cette immaturité de la feuille le secret de l'une des grandes causes de la dégénérescence du ver-à-soie.

On est d'autant plus fondé à le supposer que cette dégénérescence est devenue du rachitisme, affection qui ne peut être attribuée chez cet insecte qu'à une cause lente, générale, introduite dans l'éducation du ver ou l'exploitation du mûrier, atteignant ainsi partout et tous les sujets à la fois. L'esprit de gain et d'ineptie a, en effet, perverti partout l'exploitation du mûrier, comme il a perverti partout l'éducation de l'insecte qui s'en nourrit. Quoi qu'il en soit, que la feuille par le fait de la taille en boule ait trop ou trop peu de carbone, trop ou trop peu d'azote, en l'absence des rayons du soleil, chargés d'assurer complètement l'absorption de ces principes au profit de l'économie générale de l'arbre, il est pour nous indubitable qu'en cet état la feuille manque de qualités et qu'elle n'offre au ver-à-soie qu'un mauvais aliment.

Si les considérations qui précèdent établissent que la façon en boule que l'on donne au mûrier est pernicieuse à la vitalité du rameau, il ne peut être mis en doute que l'action débilitante ne soit partagée par la racine ; c'est une conséquence inhérente à toute unité organique. En démontrant l'étiolement du rameau, nous avons conclu à l'affection de la racine, à cause de la connexité des deux organes.

VIII.

Considérations sur certaine taille, nécessitée par le défeuillage exagérément tardif.

A l'encontre des défeuillages tardifs, les séricículteurs se disent : « *Mes mûriers n'auront pas assez de sève pour refaire et nourrir leur chevelu!* » et la hache, avec raison, vient à leur secours : ils décapitent le mûrier, et après lui avoir ainsi enlevé une partie considérable des branches, ils appellent cela les *couronner!* Quel couronnement ! dites donc une mutilation ! culture affreuse ! mal incurable ! Ne voyez-vous pas que vous dotez ainsi vos mûriers de plaies toujours saignantes, qui, dénudant les tissus internes, hâtent leur décomposition, brisent la continuité d'organisme, gênent la circulation, l'obligent à des directions en zigzags où elle finit par dérouter ? Nous admettons qu'actuellement vous soyez obligés de procéder ainsi ; cette taille, ou plutôt ces amputations sont nécessitées par le fait de la sécheresse du sujet, qui aurait péri inévitablement, et mieux vaut sacrifier les branches et conserver le sujet ; mais le remède est extrême, il faut éviter d'y recourir en défeuillant en temps opportun et adoptant pour la taille annuelle un moyen terme, basé sur l'âge du sujet, sur les conditions de son emplacement et la force de sa végétation.

Mais c'est surtout au point de vue des qualités de la feuille qu'il importe de ne pas couronner le mûrier. Nous l'avons déjà dit, la feuille qui provient d'une sève improvisée, manque de propriétés nutritives ; cette feuille est trop carbonée, et pas assez saccharigène, pas assez sucrée ; la sève qui fait éruption dès le tronc de l'arbre, et hâtivement, n'a pas le temps de se perfectionner comme aliment dans la feuille qui en provient ; celle-ci est trop drue, ce n'est qu'autant qu'elle a parcouru un long trajet, qu'elle a été vivifiée par les rayons du soleil le long des troncs, des branches et des scions, qu'elle est franchement nutritive ; cela est si vrai que les mûriers couronnés ne donnent que peu ou point de mûres. Ce dernier fait établit tout au moins que cette sève n'est qu'imparfaitement composée, et qu'il y a une différence de qualité entre la sève d'un arbre jeune ou d'un arbre couronné et celle d'un arbre vieux, non taillé. Or, quelle témérité y aurait-il à supposer que ce qui manque à la sève pour donner des fruits ou développer les organes qui les produisent soit en même temps une propriété alimentaire de la feuille?

Pourquoi les sériciculteurs ne font-ils pas des essais sur ce point? Des vers-à-soie nourris avec de la feuille parfaitement vivifiée par les rayons du soleil, doivent à la longue fournir des résultats autres que ceux nourris par une feuille drue, ou venue dans l'ombre. Ces résultats établiraient sans conteste et définitivement si à ce point de vue le mûrier doit être taillé ou seulement émondé. Les chimistes devraient aussi faire une analyse comparative des deux feuilles et mettre ainsi en relief les proportions de leurs principes alimentaires.

IX.

Moyen curatif contre le dépérissement du mûrier.

Tous les sériciculteurs ont dû faire cette observation : les vieux mûriers périssent moins facilement que les sujets de cinq à vingt ans. Selon nous, en voici la raison : Lorsque la sève du végétal, pour une cause quelconque, tend à se décomposer, la décomposition est combattue par la puissance organique qui tend de son côté à la maintenir dans ses conditions de vitalité ; il en résulte une sorte d'effervescence à la suite de laquelle ou durant laquelle les éléments perturbateurs sont réduits ; mais une condition est indispensable à leur élimination : il faut une issue qui facilite leur évacuation. Or, il est rare que les sujets de trente à quarante ans n'aient pas quelque plaie par où puisse s'établir une sécrétion qui débarrasse leur économie des éléments hostiles à leur chimie organique. C'est à la faveur de ces voies que les vieux mûriers, dans les mêmes conditions, survivent aux plus jeunes. L'espèce d'évacuation dont nous parlons ne peut s'opérer chez les jeunes sujets; leur corps solide tout entier, étant sain, une éruption spontanée des liquides perturbateurs est chez eux impossible; ils succombent subitement et comme asphyxiés.

De là cette pratique admise par un grand nombre, et qui consiste à faire une entaille ou plusieurs entailles au bas du tronc des mûriers malades. Ce procédé est très rationnel, nous conseillons de le pratiquer sur tous les sujets, même aux branches, seulement il faut que l'entaille soit longitudinale, peu large, et jamais transversale. Ce remède est souvent inefficace, ou parce qu'il est tardif, ou parce qu'il est impuissant. On le rendra plus efficace ou complètement inutile, en évitant les causes de dépérissement que nous avons dénoncées.

L'examen de la racine des mûriers morts révèle généralement les faits suivants :

Chez les sujets de cinq à dix ans, les racines présentent toutes un égal degré de décomposition;

Chez les sujets de quinze à trente ans, la racine-mère, quand elle existe, est la plus décomposée, très souvent pourrie.

Parmi les sujets qui périssent sans signes externes de maladie, la plupart sont exagérément sphériques, sans sommet, largement évidés à l'intérieur; leurs branches sont jumelles, uniformes, sans cicatrices; leurs racines offrent un égal degré de décomposition.

X.

Dernières considérations.

Tout sériciculteur doit avoir ses pépinières semées d'espèce blanche ou noire ; il trouvera en cela tous les avantages possibles : il aura ainsi de la feuille sauvage, reconnue de première qualité, et surtout plus printanière. Il pourra alors choisir les sujets les mieux conformés, soigner lui-même leur extirpation, couper, s'il y a lieu, aussi bas que possible la racine-mère, ou l'anéantir absolument eu égard aux terrains auxquels on destine ces sujets, et, dans les mêmes vues, faire choix des espèces ; transplanter plus jeune, plus tôt et sans stages.

Lors et après la transplantation, un arrosage ne peut être que favorable ; lorsqu'il est facile et peu coûteux, il ne faut jamais manquer de l'opérer ; c'est un moyen de mettre en contact immédiat la terre et les racines ; quelque rapprochés que soient la terre et les suçoirs, il reste toujours à ceux-ci un trajet à faire pour atteindre leur aliment : l'arrosage le leur apporte.

Au lieu de greffer en flûte, greffez en écusson ; ce dernier procédé est préférable ; il est plus simple, plus facile à pratiquer, et surtout il permet d'adapter plusieurs entes sur le même jet; toutes réussissant quelquefois, on peut faire choix de la plus heureusement disposée pour la structure qu'il convient de donner au mûrier.

Greffez au sommet du tronc et non à la base, près du nœud végétal. A la base, la métamorphose nous paraît trop brusque; en greffant à la bifurcation des branches, ou même plus haut, le tronc tout entier reste sauvageon; or, chacun sait que le sauvageon est plus vivace, craint moins la froidure et la sècheresse.

Façonnez le mûrier de manière que dès les premières années il ait un sommet commandant tout le rameau, le dominant de beaucoup. De son axe devront partir de fortes branches latérales, car si le mûrier ne doit pas avoir la forme de l'oranger, il ne doit pas avoir non plus celle du peuplier. Quel que soit l'âge du sujet, il est toujours possible de lui faire prendre la forme conique à large base; on taille en janvier la branche ou les branches destinées à dominer, on les tient un peu plus longues, dans une position verticale, et on leur laisse la feuille. La forme conique répond à toutes les conditions de l'économie des grands végétaux. Les branches latérales attirées en haut acquièrent de fortes aisselles, ne ploient pas sous leur poids, elles présentent au soleil toute leur surface et assurent ainsi à la sève une bonne composition, à la feuille une maturité complète. Plus élevé, le mûrier est mieux à l'abri des gelées, car c'est dans les basses régions atmosphériques que la vapeur d'eau se condense abondamment, plus haut règne une légère brise, et les feuilles, les branches plus sèches, plus vivaces, offrent au froid moins d'éléments de congélation. Si les hauts mûriers partent moins vite, c'est un avantage de plus; moins printaniers, ils n'en sont pas plus tardifs, et par quelques jours seulement de retard échappent aux gelées accidentelles ou en sont moins frappés.

Au lieu de planter à dix mètres de distance, plantez à quinze, vingt mètres. Chose qui paraît contradictoire, il y aura économie de terrain; les mûriers munis de fortes racines, les portant au loin, trouveront abondamment sans s'empiéter de quoi nourrir leur ramure; ils acquerront une grande stature, un en vaudra trois, à la longue vous aurez plus de feuille, et elle sera de meilleure qualité. Vous pourrez alors semer dessous soit des céréales, soit des légumes, soit des fourrages qui vous dédommageront amplement de vos semences et de vos labours. Les mûriers se ressentiront peu de ces humbles voisines, celles-ci ne seront point pour eux des plantes parasites, pas plus que la verte mousse qui végète sur leur rude écorce. Nos anciens, en cela plus clairvoyants, espaçaient largement le mûrier, ne lui réservaient que les lisières des guérets, ne se permettant guère de le greffer et de lui donner, comme nous faisons, et un peu à tous les arbres, la forme fantastique d'une boule ou quelque chose de pire. Ne prétendons pas trop corriger la nature; croyons plutôt qu'elle seule n'erre jamais; aidons-la, au contraire, suivons-la dans les pentes où elle se plaît, si non, avec elle il faudra reculer et subir bien des déceptions.

VI.

Résumé sous forme d'aphorismes.

1° *Au delà du 100me degré de latitude et à 400 mètres environ au-dessus du niveau de la mer, l'exploitation de mûrier rencontre des obstacles de température insurmontables.*

2° *Le feuillage du mûrier étant très abondant et essentiellement aqueux, exige dans le sol une humidité suffisante et constante.*

3° *Tous les terrains ne sont pas propres à recevoir le mûrier ; il languit et rabougrit sur un sol peu riche d'humus ; il périt facilement sur les terrains privés d'artères, ne recevant d'autre arrosage que l'eau de pluie.*

4° *Il ne faut cultiver les grosses greffes que sur les terrains gras, constamment arrosés. Dans les terrains maigres, faciles à se dessécher, ne cultivez que les espèces les moins gourmandes, les plus sauvages.*

5° *Le mûrier doit être d'autant plus espacé que le terrain est moins riche et plus aride.*

6° *On ferait bien de ne réserver au mûrier que le bord des champs.*

7° *Le sommet est constitutionnel chez le mûrier. — L'existence d'une ou de deux branches-mères, placées au centre, dominant les autres, donnant au sujet une structure pyramidale, répond à toutes les conditions de l'économie végétale.*

8° *La taille en boule est anti-rationnelle sous tous les rapports : elle porte atteinte à la vitalité du sujet et fournit une feuille de qualité inférieure.*

9° *Il faut éviter de mutiler le mûrier; ne le* couronner *que dans des cas exceptionnels.*

10° *Pour rajeunir le mûrier qui rabougrit, et pour le guérir, s'il fait mine de périr, il faut le façonner en janvier, pratiquer les entailles dont il est parlé plus haut et lui donner la feuille.*

11° *Après la transplantation et la greffe, il est avantageux de donner la feuille au jeune mûrier pendant trois ou quatre ans. — Quel que soit l'âge du mûrier, il est avantageux de la lui laisser alternativement une fois par cinq ans. Cette année-là ils ont dû être façonnés avant le mouvement de la sève.*

12° *Il est une époque après laquelle le mûrier ne doit plus être ramassé ni taillé.*

13° *Plus le défeuillage est printanier, moins le mûrier se ressent du défeuillage, et l'exploitation en bénéficie sous tous les rapports. Le défeuillage exagérément tardif peut causer seul le dépérissement du mûrier.*

14° *La première cause du dépérissement du mûrier réside dans les mauvaises conditions de son emplacement ; la deuxième dans la greffe ; la troisième dans le défeuillage ; la quatrième dans la taille en boule.*

15° *Il est bon d'arroser le mûrier lors de sa transplantation.*

16° *Tout sériciculteur doit avoir ses pépinières.*

17° *La greffe en écusson est préférable sous tous les rapports à la greffe en flûte.*

18° *Il faut greffer aux branches et non à la base, avec des entes de même espèce que le sujet.*

19° *On fait mal de greffer les espèces bâtardes qui approchent des entes par la qualité et le développement de leurs feuilles.*

20° *On s'est trop hâté de bannir les espèces bâtardes : elles sont plus vivaces, plus printanières, supportent mieux la sècheresse, craignent moins le froid. Il faut s'empresser d'en rétablir les espèces, et de les cultiver partout où les greffes périssent.*

21° *Dans le midi on n'exploite guère que les grosses espèces, le terrain y est plus fort, la feuille plus drue : aussi la soie y est de qualité inférieure, la réussite moins assurée, le mûrier y périt plus facilement.*

22° *Dans le Bas-Vivarais on n'exploite généralement que les espèces blanches et* force *bâtardes; le terrain y est plus léger, la feuille plus maigre : aussi la soie y est plus fine, on y réussit mieux, et le mûrier, quoique plus rabougri, y périt moins fréquemment.*

Peut-être nous faisons-nous encore illusion sur les causes du dépérissement du mûrier; peut-être trouvera-t-on nos principes un peu exagérés; nous devions les présenter ainsi, afin de les rendre plus saisissables dans ce qu'ils ont de bon. Le praticien intelligent, après en avoir fait l'essai, les réduira à leur juste valeur ; il adoptera, s'il y a lieu, des moyens termes qui, s'ils sont couronnés de succès, deviendront pour l'avenir des vérités pratiques invariables. Mais n'aurions-nous qu'effleuré la vérité, notre travail a sûrement un mérite, celui de provoquer des doutes et avec eux des recherches expérimentales sur des points très importants de la culture du mûrier.

Dans les seuls départements qui cultivent ce végétal, il périt annuellement près d'un million de sujets, représentant bien des millions de francs. Si, à ce fait du nombre des sujets dont la perte est à regretter, on ajoute les avantages résultant d'une meilleure qualité de feuille, d'une éducation du ver-à-soie plus heureuse, d'une économie de terrain, de dépenses et de labours non infructueux, le lecteur avouera facilement que ce n'est pas chose vaine que de chercher à remédier aux déficits de l'une des branches les plus importantes de l'industrie de plusieurs de nos départements.

Ici finit la moitié de notre tâche. Elle touche à une question grave de l'arboriculture, car ce que nous avons dit du mûrier peut, sous divers points de vue, s'appliquer à tous les arbres, grands et petits; mais nous ne sommes pas compétent pour faire de ce sujet une œuvre et lui donner tous les développements qu'il comporte; aussi ne donnons-nous ce travail que comme une ébauche, et nous aimons à penser que le lecteur n'y verra rien de plus, rien qu'un factum d'à-propos, tout d'actualité, suggéré par quelques errements en arboriculture, et que le désir d'être utile à nos compatriotes nous a forcé de signaler.

DEUXIÈME PARTIE.

ÉDUCATION DU VER-A-SOIE.

XII.

Considérations générales.

Les maladies du ver-à-soie n'ont pour nous rien d'étonnant, rien d'inexplicable. On a vu que la maladie du mûrier n'a pas de causes en dehors de sa culture; on verra de même que les maladies du ver-à-soie, sa dégénérescence n'en ont pas en dehors de l'éducation; que l'exploitation, en se développant, ne peut qu'en exagérer les écarts et rendre à peu près impossible tout retour de l'insecte à son énergie primitive.

Le ver-à-soie est devenu malade parce qu'on l'a mal aéré, mal nourri; il est devenu constitutionnellement malade, il a dégénéré parce qu'on a constamment mal procédé, progressivement mal, et que nulle part on ne s'est proposé de moyens particuliers pour la reproduction de l'espèce. Développer l'exploitation, en obtenir les produits les plus lucratifs dans le présent, telle a été jusqu'ici la pensée unique du sériciculteur; avoir de belles espèces de feuille, avoir le plus de vers possible dans un local donné, réduire à leur minimum les frais de main-d'œuvre, faire beaucoup consommer de feuille au ver, afin d'en obtenir beaucoup de soie, tels ont été les moyens poursuivis pour atteindre ce but unique : le gain actuel. N'aurait-on pas dû aussi, dès le principe, se préoccuper des soins qu'exige dans toutes les races la production de la semence? Il naissait de là deux sortes d'éducation : l'une pour conserver les graines toujours bonnes, toujours primitives, et l'autre pour obtenir de l'exploitation le plus grand revient possible. Lorsqu'on se propose, par exemple, d'obtenir des œufs d'une poule, l'engraisse-t-on? la met-on en cage, comme quand on la destine pour l'abondance et les plaisirs de nos tables? Mais, dira-t-on, on choisit les cocons les mieux conformés de la chambrée! C'est trop peu : à notre avis c'est choisir dans une infirmerie.

Avant de parler des vices introduits par l'éducation et que le développement de l'exploitation multiplie et rend inévitables, nous allons combattre certains préjugés sur les causes des maladies du ver-à-soie. Ces préjugés égarent les éducateurs dans des hypothèses quelquefois extravagantes, et les éloignent des recherches basées sur des causes plus naturelles.

Lorsque les maladies du ver-à-soie prirent les proportions d'une calamité, au point d'amener la dégénérescence, chacun donna dans des suppositions plus ou moins erronées. Ainsi que cela arrive toujours, quand on ne sait pas on imagine : les uns, trop ignorants, ne voyaient rien ; les autres, trop savants, armés d'un microscope, ne voyaient que de près ; ceux-là disaient : c'est de la vengeance divine ; ceux-ci : la feuille est empoisonnée ; d'autres : les graines sont attaquées, les vers sont pris d'un parasitisme comme l'*oïdium* de la vigne, affection végétale sur laquelle, à notre avis, il s'est débité bien des niaiseries. En effet, quand on voit que le soufre répandu sur les racines dissipe l'oïdium comme lorsqu'il est répandu sur le grain du raisin, il faut bien avouer qu'il opère au moins autant comme engrais que comme insecticide ; il donne à la plante une vitalité qui lui manquait, et l'oïdium n'a plus rien à faire sur le raisin pas, plus que l'insecte qu'on appelle *pou* n'a à faire sur la tête d'un homme sain de vingt ans.

Nous admettons, plus qu'aucun autre peut-être, que les causes des maladies du ver-à-soie sont complexes, que la mauvaise qualité de la feuille, le parasitisme, etc., y ont part, mais rien que comme cause seconde, comme accident d'une cause première que nous plaçons dans les modes erronés de l'éducation même, dans deux vices généraux de la double alimentation : l'*air* et la *feuille*, vices inévitables dans la grande exploitation et se développant avec elle.

En niant l'influence directe du parasitisme, nous aurons jeté quelque lumière sur les causes vraies ; car s'il est exact de dire qu'on connaît le remède quand on sait quel est le mal, il est encore plus vrai de dire qu'on sait où est le mal quand on sait bien où il n'est pas.

On appelle parasites des êtres organiques, animaux ou végétaux, infiniment petits, qui se développent sur de plus grands, à l'occasion des désordres qui surviennent dans l'économie de ceux-ci. Lorsqu'un arbre manque de sucs nourriciers, son écorce se couvre de mousses, de champignons : c'est du parasitisme. Lorsqu'une substance alimentaire se décompose, il s'y manifeste des animalcules, et si elle est solide, il s'y développe de plus une barbe végétative qu'on appelle moisissure : c'est du parasitisme; loi naturelle, nécessaire, par laquelle la Providence nous débarrasse promptement des principes délétères qu'exhalent les corps malades ou en décomposition, et dont la présence, s'ils n'étaient dévorés par des myriades de plus petits, nous deviendrait horrible et incommode : tout ce qui meurt devait se résoudre et se transformer le plus promptement possible. Mais à l'état sain aucun corps n'est susceptible de parasitisme, ou il en est d'autant moins envahi qu'il se trouve dans de meilleures conditions de vitalité. Nous disions que lorsqu'un arbre manque de sucs nutritifs son écorce se couvre de mousses et de champignons; mais si, mieux soigné, il revient de sa langueur, ces parasites périssent à leur tour; le sujet s'en dépouille, et son écorce reprend son aspect naturel. Ainsi la moisissure n'apparaît sur un aliment que lors de son changement d'état : le pain sec, par exemple, ne moisit pas s'il reste sec, la viande n'est pas attaquée de vermine tant qu'elle est saine. C'est ainsi encore que la mouche ne dépose jamais ses œufs sur un corps vivant, sachant par instinct qu'il n'offre rien de favorable à leur incubation. Les arbres fruitiers sont bisannuels; ils fournissent à peu près chaque année le même nombre de fleurs, le même nombre de fruits ; mais l'année qui suit l'année d'abondance, ces fruits, après un certain développement, avortent et tombent, et ceux qui parviennent à maturité sont généralement véreux. Doit-on en conclure que cette année-là il y a plus de parasites que l'année précédente, et que ces parasites ont causé la perte des fruits? Non. C'est que l'arbre, épuisé, ne peut nourrir ses fruits, que ces fruits, moins sucrés, moins alcooliques, favorisent davantage la pullulation des insectes et le développement de leurs larves; bien plus, tous ces fruits tomberaient en avortons si, rongés à moitié par l'insecte, il n'était permis pour lors à l'arbre de nourrir ce qui en reste. La teigne est un vice du sang; elle se manifeste par des dartres farineux, des écailles au cuir chevelu, etc. Suffit-il pour s'en débarrasser de faire disparaître ces dartres? Non, il faut de plus purifier le sang, et aider la médication d'un meilleur régime. N'admet-on pas, d'autre part, que ces vices du sang varient en raison de l'âge, du régime, et que certains sujets sont à l'abri de toute contagion. Un sujet qui vient d'avoir la petite-vérole peut-il la prendre deux mois après, même par le contact? Devant un certain état des humeurs, la puissance du virus se réduit donc à néant. Les dartres, etc., etc., ne sont donc que les effets et non les causes des vices du sang, vices qui, comme on sait, peuvent exister indépendamment de la contagion : le premier qui fut pris de ce qu'on appelle la gale, l'avait-il reçue d'un autre? En un mot, ce ne sont point les parasites qui amènent la décomposition, la maladie, la mort; mais c'est la décomposition, la maladie, la mort qui appellent les parasites. Il ne faut donc voir dans les végétatifs divers qui apparaissent sur le ver-à-soie malade ou mort, que des accidents survenus dans son organisme pour cause de mauvais soins et de mauvaise alimentation.

Il serait également ridicule d'attribuer le fléau qui frappe en ce moment la sériciculture à des genres divers d'épidémies. Comme le parasitisme, l'épidémie, chez toutes les espèces, a une cause première dont elle n'est que la manifestation, ayant son principe dans la saison, l'âge, l'alimentation, le régime hygiénique; mais ce n'est jamais aveuglément qu'elle sévit, comme on a trop l'air de le croire, elle ne frappe jamais que des sujets prédisposés à ses attaques. Ainsi nous soutenons que la petite-vérole sévit bien peu dans les pays où l'on ne connaît pas l'usage du vin ou de toute autre boisson qui, comme celle-là, a pour effet dans son abus de changer brusquement le tempérement en bouleversant les humeurs.

Le choléra lui-même est-il autre chose qu'une syncope, une atonie, une paralysie du poumon respirant un air brûlant, miasmatique, qui se compose d'une fraction en trop de vapeur d'eau et d'une fraction en moins d'oxigène? Ce qui a lieu dans une étuve ne peut-il pas avoir lieu en pleine atmosphère, au mois d'août, dans des milieux où la vapeur d'eau et le calorique se concentrent en l'absence de toute agitation de l'air? N'admet-on pas que les fièvres, en Algérie, sont dues à des influences climatériques? Une épidémie a donc aussi une cause naturelle.

La muscardine n'a jamais sévi partout en même temps, et n'a jamais entièrement disparu ; c'est un ver provenant de bonne semence, mais tenu exagérément chaud et humide, asphyxié lentement, et surtout nourri de feuille exagérément sèche, ramassée depuis longtemps. Il est tellement vrai que cette maladie a sa cause dans l'éducation, que dans le même local, des graines muscardinées, mais dirigées par d'autres mains, ne donnent pas de muscardine. La contagion ici même ne peut rien : qu'on jette cent vers muscardins au milieu des vers d'une chambrée bien tenue, où il n'en a jamais paru : à la fin de la campagne on n'en trouvera pas d'autres. Cette épreuve, nous l'avons faite bien des fois.

Et la *gattine*, ce symptôme du dernier degré de la dégénérescence, est-elle aussi l'œuvre de nos mains? Evidemment. Elle est le résultat de cent ans d'éducation vicieuse. Dès les premiers insuccès on pouvait prédire cette dégénérescence. Les causes du mal étant connues pour une seule chambrée, on n'avait qu'à se demander si ces causes étaient plus ou moins communes à toutes les éducations. Ce dernier fait admis, la dégénérescence apparaissait inévitable, aucun procédé particulier n'étant mis en pratique pour la combattre dans la production des graines, tandis que le développement de l'exploitation devait en exagérer les causes, en hâter les progrès.

Les causes qui produisent la *muscardine* nous étaient connues depuis longtemps ; depuis longtemps nous avions observé la disposition du local et les habitudes d'éducation des chambrées qui, tous les ans, échouaient complètement par la *muscardine*. Nous ne doutâmes plus du caractère de ces causes lorsque, opérant nous-même sur des dix, vingt onces, nous pûmes obtenir de ne pas en avoir dans des magnaneries qu'on nous disait empestées de ce mal, et en nous servant des graines muscardinées qui en provenaient, sans moyens curatifs, rien qu'en écartant les errements que nous savions devoir la produire.

Les symptômes d'affection de la *gattine* sont bien tranchés, mais qu'ont-ils de commun avec ceux de la *muscardine ?* Surtout, comment arriver à combattre les préjugés qui s'attachent au nom fameux d'épidémie que la gattine revendique à tant de titres? Sous ce nom, en effet, on croit comme à un essaim invisible, plus léger que le vent, prompt comme l'éclair, pouvant en un clin-d'œil passer d'Europe en Amérique, frappant aveuglément et où il lui plaît. N'appellera-t-on pas bientôt épidémie le froid d'octobre qui tue les mouches, et parasitisme la chaleur du mois d'août qui nous les donne à foison? Erreur, encore une fois, une épidémie est due pour les espèces libres à des influences météoriques, et de plus, pour les espèces civilisées, à des faits d'éducation ; voilà pourquoi les insectes, les animaux sauvages en sont exempts, et que l'espèce humaine est, de toutes, celle qui donne le plus de prise à ses variétés en raison du climat, de l'âge, du vêtement, de l'alimentation, des mœurs, en un mot de sa plus grande civilisation.

La disparition, devant la gattine, des *jaunes*, des *gras*, de la *muscardine*, nous a fait croire peu à peu à la dégénérescence par le rachitisme. Le rachitisme, en effet, est incompatible avec l'hypertrophie et la ladrerie. Un bossu ne fut jamais obèse, ni guère hydropique. L'on conçoit que si la moelle épinière est constitutionnellement débile, elle ne peut envoyer à l'estomac un plexus puissant, capable d'exagérer les fonctions de cet organe. Si le système nerveux est déprimé chez le ver-à-soie, le plexus nerveux que l'un de ses anneaux fournit à l'estomac doit être plus faible encore, et voilà pourquoi la *gattine ne mange pas*, voilà pourquoi il n'y a plus *d'hypertrophiques*, ni *de muscardins;* car, pour que le ver tourne en muscardine, il faut qu'il soit plein de soie, et il ne peut pas en avoir s'il ne mange pas. Si le système nerveux est débilité, le plexus que fournit l'un de ses anneaux aux organes de la génération doit l'être bien davantage, et voilà pourquoi la gattine *ne copule pas* ou *donne de mauvais germes*. Le plexus qui développe le derme ne permet pas à ce derme de se dédoubler, et voilà pourquoi la gattine *ne mue que deux ou trois fois*. Réciproquement, si l'insecte *ne mange pas*, s'il *ne digère pas*, s'il *ne copule pas*, s'il *ne mue pas*, si ces fonctions sont *paralysées toutes à la fois*, c'est que le système nerveux, *leur générateur et leur moteur commun*, doit être constitutionnellement affaibli.

Mais encore quelle cause, dans l'éducation, a pu

débiliter le système nerveux? *Un exercice exagéré ou malade de la digestion, absorbant à elle seule tous les parenchymes réservés au développement des organes de la génération, par le fait des vices inhérents à l'éducation.* Qu'on partage ou non notre opinion à ce sujet, il ne nous est pas permis, à nous, de douter. Comment! on admet qu'une maladie ordinaire, que dis-je! une peur, une inquiétude, un travail mental opiniâtre éteint momentanément les appétits des facultés génitales chez l'homme, et l'on nierait que cent ans d'éducation vicieuse aient pu débiliter l'organe lui-même chez l'insecte !

Mais, dira-t-on, comment prouvez-vous que l'éducation est vicieuse depuis cent ans? Elle l'est depuis l'importation du ver-à-soie en Europe. En France, en Espagne, en Italie, le ver-à-soie n'a jamais été bien nourri, ni bien aéré, ni bien reproduit; il ne pouvait même pas l'être dans la grande exploitation. Plus ou moins on l'a toujours nourri de feuille sèche, on l'a toujours tenu aux basses tables de la magnanerie; on a toujours tiré les graines de ces mêmes sujets, et le fait de s'approvisionner ailleurs créait dans les régions épargnées la même cause d'abâtardissement.

On nous demandera peut-être encore si nous sommes d'accord avec les auteurs qui ont traité cette matière. Partant d'un principe naturel formulé en tête du livre, nous n'avions qu'à nous en inspirer et rester toujours d'accord avec nous-même : le ver veut respirer un air pur :—au plus haut de la magnanerie nous le lui donnons presque atmosphérique; la feuille ramassée perd rapidement ses qualités alimentaires vis-à-vis de l'herbivore : — nous la lui donnons venant de l'arbre; malgré ses soins la grande exploitation est encore entachée de vices : — nous les écartons le plus possible en créant une éducation régénératrice, facile à mettre en pratique.

Nous arriverons donc jusqu'au bout sans consulter les auteurs. D'ailleurs nous n'aimons pas le plagiat; très souvent c'est un vol ou une maladresse dans laquelle la vérité prend mille faces et mille couleurs. Enfin, notre cadre était presque tracé: nous ne voulions être ni ennuyeux, ni trop cher.

Il y a environ cent ans, le ver-à-soie réussissait à peu près partout ; moins exploité, il était par cela même mieux soigné ; quoique dégénérant il ne laissait paraître que de rares symptômes de ses maladies. Plus tard l'épidémie remarquable, connue sous le nom de muscardine, devint redoutable et causa de grands déficits; mais les vers muscardinés conservaient une grande somme de leur énergie, un grand nombre mangeaient jusqu'à la montée et ne desséchaient qu'après avoir fait le cocon. Après tant de générations effectuées sous mille influences défavorables, le ver-à-soie est devenu aujourd'hui si constitutionnellement débile qu'il ne mange plus, ne copule pas, ou s'il copule ne donne que des germes incomplets ; la muscardine même n'est plus possible, le ver n'a pas assez mangé pour avoir de la soie, il n'a pas assez de soie pour sécher en périssant, il meurt et se décompose à l'état liquide. Sa dernière maladie a fait disparaître toutes les autres, et l'on pourrait dire en quelque sorte qu'il n'est plus susceptible d'épidémies et qu'il ne peut pas être malade ; sa débilité est tellement constitutionnelle qu'il ne peut périr que de débilité même : tel qu'un enfant nouveau-né qui meurt au bout de quelques heures et dont les médecins disent : *il n'est pas malade, et cependant il ne saurait vivre; ses organes sont trop faibles et le système nerveux, qui donne aux autres le ton et l'activité, est le plus incomplet, le plus déprimé.*

De tout temps les petites chambrées réussirent mieux que les grandes. Ce fait, non contesté par les sériciculteurs, enregistré sans doute par toutes les statistiques séricicoles, révèle à lui seul toutes les causes du mal, et les attribuant à l'éducation, les fait dériver d'errements dans la double alimentation : *l'air* et *la feuille*. Un fait qui nous étonne plus que la dégénérescence : Pourquoi les éducateurs ne se sont-ils pas appuyés sur ces différences pour s'éclairer sur les vices de l'éducation ? Ces symptômes localisés devenaient des preuves irrécusables où se trouvaient indiqués tout à la fois le mal et le remède. A notre avis les comices eux-mêmes tardent trop à résoudre le problème, et à livrer au public le fruit de leurs travaux. La statistique d'une seule commune fournissait, il nous semble, des données suffisantes pour arriver à la vérité : il n'est pas nécessaire de tarir l'Océan pour pêcher un poisson que l'on rencontre dans toutes les rivières.

Les appréciations qui précèdent sont basées sur des faits généraux. Si elles ont quelque chose de vrai, les maladies du ver-à-soie, puis sa dégénérescence ont dû, à quelques observations près, sévir d'abord dans les pays où, tout à la fois, les espèces de mûrier s'éloignent davantage des espèces bâtardes, où la température est la moins favorable, et où l'on exploite le plus en grand, comme dans certaines régions du Midi. Elles n'ont dû sévir qu'un peu plus tard dans les contrées montagneuses où, moins exploité en grand, le ver se trouve dans des conditions de température plus favorables, où les meilleures espèces de feuille dominent, et où les soins sont donnés avec plus de sollicitude, comme dans certaines contrées du Vivarais. Elles n'ont dû sévir que plus tard encore dans certaines contrées de l'Italie où le mûrier, dit-on, n'est pas taillé, où l'éducation plus précoce est incomparablement mieux soignée, et où les exploitations sont peu importantes. En Italie où certes les terrains libres ne manquent pas, il est rare de trouver une chambrée de dix onces. Les Italiens rient de nous quand on leur dit que nous taillons le mûrier, que nous en remplissons nos champs, que nous cueillons la feuille à pleine main, que nous ne donnons que deux fois par jour, que nous fermons constamment le local qui abrite le ver, que nous élevons quinze, vingt onces dans une magnanerie où ils n'osent en élever cinq.

Ces différences d'exploitation s'expliquent : dans le Vivarais, dans les Cévennes, dont le sol est fort ingrat, les sériciculteurs, d'ailleurs très laborieux, trouvèrent dans cette industrie comme une mine du Pérou ; ils la développèrent le plus et le plus promptement possible, sans se douter que leur empressement, les entraînant à des dépenses de toute nature, serait la première cause de leurs déceptions et de leur pénurie d'aujourd'hui. Les Provençaux, plus indifférents, parce que leur sol, plus productif, suffit mieux à leurs besoins, l'acceptèrent avec moins d'engouement, et, comme les Italiens, ne plantèrent le mûrier qu'autour des champs. Les Italiens, plus paresseux, la fécondité de leur sol leur rendant toute industrie moins nécessaire, ne l'acceptèrent que comme une distraction de la villa placée au centre de l'exploitation, et purent y donner tous leurs soins. Malgré cela, en Italie même, la dégénérescence a porté ses ravages, parce que là aussi le développement de l'exploitation y a introduit des vices qui lui sont inhérents.

Ainsi les maladies du ver-à-soie, sa dégénérescence sont le fait de l'éducation même : le ver-à-soie a dégénéré parce qu'on a cru pouvoir l'élever en grand comme en petit, le nourrir d'un mauvais aliment comme d'un bon, le bien ou mal aérer, et tirer les graines de ces mêmes éducations; on s'est trompé, le ver s'est affaibli d'année en année, et sa débilité est devenue de la dégénérescence, faiblesse constitutionnelle où s'accusent aujourd'hui le rachitisme et l'infécondité. *Les mauvaises qualités de la feuille,—la perte surtout des qualités qu'elle a sur l'arbre par le retard que l'on met à la donner après l'avoir ramassée*, — les mauvais procédés *d'aération ou son défaut complet, dans laquelle le ver aspire, au lieu d'oxigène, une forte quantité de vapeur d'eau et d'acide carbonique*, — *l'irrégularité des repas malen-*

contreusement combinés avec l'irrégularité du chauffage, toutes choses inhérentes à l'éducation, inévitables dans la grande exploitation, telles sont donc, selon nous, les causes principales et permanentes de la dégénérescence du ver-à-soie.

Nos sériciculteurs sont peut-être peu blâmables d'avoir donné toute extension à cette industrie, mais ils le sont beaucoup de n'avoir pas, à côté de la grande exploitation, donné des soins tout particuliers à quelques vers destinés à fournir les graines, dans le but de les conserver toujours bonnes et de prévenir la dégénérescence. Le sens commun devait suffire pour conseiller de donner aux vers du grainage un air plus vital, une feuille plus saine, plus alimentaire. Cet air plus vital se trouvait au haut de la magnanerie, près de la toiture ; cette feuille alimentaire, c'était de la feuille fraîche, venant immédiatement de l'arbre. Le secret était dès lors trouvé, le problème résolu.

Ce qui devait préserver le ver sera aussi, selon nous, ce qui doit le guérir.

Nous donnons ici le tableau sommaire des écarts les plus connus de l'éducation :

Graine. — Mauvaise provenance des graines, — vices introduits dans les bonnes par les leurres du commerce et les inconvénients du colportage, — entassement de ces graines, — mélange des races, — mauvais choix des vers destinés au grainage, — mauvais choix des cocons, — trop de chaleur dans l'éclosion, ou précipitation de l'éclosion, — défaut d'élimination des rebuts.

Magnanerie. — Étroitesse du local, — défaut d'ouvertures, — défaut de hauteur, — présence d'une voûte ou d'un plancher empêchant toute aération, — toiture plancheyée, — trop grande lumière, — trop de chaleur, — le froid et l'humidité combinés, — courants violents, — transitions brusques du chaud au froid.

Tables. — Trop nombreuses, — trop rapprochées, — trop larges, — dressées toutes à la fois.

Vers — placés aux plus basses tables dès le début, au lieu d'être placés aux plus hautes, — tenus trop épais, — mal endormis, — mal réveillés, ou mal appariés, — non suffisamment délités.

Litière — humide, — moisie, — fermentée.

Feuille — trop sèche, — ramassée depuis cinq, dix, vingt heures, — coupée... ou coupée trop menue.

Voilà bien des accidents défavorables. Hé bien! le croirait-on, dans certaines magnaneries, soit à cause de la mauvaise disposition du local, soit par incurie de l'éducateur, le ver-à-soie les subit tous à la fois! Aussi trouve-t-on des chambrées où la mortalité et l'infection se déclarent d'une manière dégoûtante, et où les éducateurs, de travail, de chagrin et d'asphyxie sont aussi malades que les magnauds.

Voyons maintenant de plus près les deux grands errements de l'éducation en général, deux travers dans lesquels, plus ou moins, donnent tous les éducateurs de tous les pays. Ils résident dans l'aliment respiratoire, l'air, et dans l'aliment comestible, la feuille.

XIII.

De l'aliment respiratoire : l'Air.

Il serait hors de propos d'établir que l'air est nécessaire à l'insecte comme aux grandes espèces, au ver-à-soie en particulier, parce qu'il doit beaucoup consommer : la quantité de soie venant de la quantité de feuille bien digérée. Chacun le sait, mais un grand nombre ignorent jusqu'à quel point et tombent à ce sujet dans des écarts qui tiennent du préjugé. Sous prétexte de ne pas exposer le ver à des courants, ces courants seraient-ils insensibles, on rend impossible toute aération. Il est des éducateurs qui ne donnent jamais le grand air à leur chambrée, même alors que l'air extérieur est aussi doux, aussi chaud que dans la magnanerie. Ils attribuent à l'air extérieur des propriétés différentes, des qualités malfaisantes, pestilentielles. C'est absurde : les vents du nord, du midi, de l'est, de l'ouest ne diffèrent guère que par leur degré de température et par plus ou moins de vapeur d'eau. C'est déjà trop, direz-vous ; soit, parez aux courants violents qui auraient pour effet de soumettre les vers à des transitions brusques de froid, de chaud et d'humidité, mais dans la croyance qu'il est des vents atmosphériques délétères, ne vous avisez jamais de calfeutrer la magnanerie, sinon vous créez au-dedans la peste que vous craignez devoir venir de dehors. Vous redoutez, dites-vous, le vent *jaune?* Soit encore, mais enfin donnez de l'air : *jaune, blanc, rouge* ou *bleu*, il en faut.

Quelque bien aérée que soit une magnanerie, il arrive un moment où l'air ne peut y être pur et partout également tempéré. Son altération et sa pesanteur vont progressant des plus hautes tables aux plus basses. Plus on approche de la toiture, plus l'air y est léger, pur et tempéré ; plus on approche du sol, plus il est lourd, humide, froid et méphytique. Au haut de la magnanerie l'air est sec sans être froid, frais sans être humide, chaud sans être lourd. C'est pour le ver une atmosphère parfaite autant que possible. A ce sujet nous avons dit plus haut qu'il est un errement commun à toutes les éducations ; c'est ici le cas de le signaler. Nous y attachons tellement d'importance que, fournissant l'objet d'une innovation capitale, nous n'eussions jamais publié nos opinions sur cette matière, si nous n'avions pas cru trouver dans cette innovation le moyen de revenir des mauvaises réussites et d'assurer largement la régénérescence :

On est généralement dans l'habitude de placer, au début, les jeunes vers aux plus basses tables pour ne les porter aux plus hautes qu'à la fin, lorsqu'ils sont grands, lorsqu'ils ne peuvent plus être contenus aux plus basses. C'est une incurie qui n'a pas de nom, et dont le fait chez tous serait inexplicable s'il n'y avait la raison de quelque fatigue de moins pour l'éducateur. Laisser le ver-à-soie manquer d'air pendant vingt, trente jours aux plus basses tables pour ne le porter aux plus hautes que lorsqu'il a pris mal, ou le tenir aux plus hautes pour ne le porter aux plus basses que lorsqu'il n'a plus le temps de succomber avant d'avoir fait son cocon, et à une époque où l'on peut, sans danger aucun, laisser toutes les ouvertures grand ouvertes, ne sont pas pour nous choses égales ; il y a dans la première manière de procéder un quiproquo des plus intempestifs, une maladresse qu'on ne devrait pas rencontrer chez tous les éducateurs. Nous la dénonçons comme un des grands écarts de l'éducation, et qui, nous n'hésitons pas à le dire, devait à lui seul amener la dégénérescence.

Nous dénonçons aussi comme pernicieuse, l'habitude où l'on est de faire toutes les tables à la fois, et de leur donner de prime abord toute leur largeur. Du reste, faites cette expérience, cent fois plus concluante que nos raisonnements. Les chiffres et le poids ne sont pas menteurs, nous allons les prendre pour juges.

Elevez deux grammes de graine près de la toiture, à une température de 15 à 20 degrés ; élevez-en deux grammes aux basses tables du même local, donnant des soins égaux à tous égards. Pour ne rester dans aucun doute sur les résultats, comptez les graines de chaque lot ; pesez les cocons et surtout comptez-les, afin de vous assurer de quel côté il est péri le plus de vers ; enfin voyez au grainage lesquels de ces vers donnent les papillons les plus vigoureux, les plus fringants. Les résultats seront affirmatifs, nous n'en doutons pas, et chacun se hâtera de tenir les vers aux plus hautes tables le plus longtemps possible; on ne construira de tables qu'à mesure, et l'on n'adoptera plus de magnanerie d'autre genre que celle qui est libre du sol à la toiture, sans voûte, sans plancher, sinon la régénérescence est impossible et la réussite fort douteuse, même avec de bonnes graines.

Quelques éducateurs objecteront sans doute que les travaux sont déjà bien pénibles, que la nécessité de monter des échelles dès le début est décourageante. Pour nous ce n'est pas un motif suffisant pour devoir procéder de bas en haut de la magnanerie. Ce n'est qu'à la condition de placer les vers à la plus haute table, près de la toiture et dès le début, que nous promettons des succès décisifs. Quel est d'ailleurs l'éducateur qui, pâlissant déjà à l'idée d'un échec complet, reculerait devant un surcroît de travail pour lequel on lui promet une amélioration du cinquante pour cent.

Comme tous les insectes, le ver-à-soie peut être classé parmi les espèces dites à sang froid, c'est-à-dire que la chaleur joue un grand rôle dans ses digestions; mais elle peut le pousser à manger exagérément, et s'il se trouve dans un milieu susceptible de transitions brusques de froid, de chaud, d'humidité, de méphytisme, ainsi que cela a lieu au bas de la magnanerie, ses digestions subiront mille péripéties qui briseront son organisme. Mais qu'arrivera-t-il de pire? *Que le ver fera servir à ces pénibles digestions, les humeurs destinées au développement des organes de la généra-*

tion. Chez toutes les espèces, le sperme, dans toutes les maladies, n'est-il pas réabsorbé au profit de l'économie générale? Or, on comprend que si cet état de choses se continue, la faculté elle-même d'engendrer doit s'affaiblir, que les papillons provenant de ces vers ne donneront, les mâles, qu'un mauvais sperme, les femelles, qu'un mauvais œuf.

Il s'agit ici du point le plus important, qu'on nous permette d'y insister.

Il y a plusieurs fonctions dans la vie animale; chez le ver-à-soie, il suffit d'en constater trois: celle de la *digestion*, celle de la *nutrition*, et celle de la *génération*. On sait que les fonctions sont solidaires, c'est-à-dire qu'elles se ressentent toutes de l'affaiblissement de l'une d'elles, comme elles profitent toutes de sa plénitude, et se prêtent, par le phénomène de la circulation, un mutuel concours. Le sang, aliment commun, après avoir dans l'état de maladie, abandonné à l'organe malade son principe le plus vital, vient dans sa circulation à travers les autres organes, s'enrichir de leurs parenchymes, pour les abandonner encore, à son retour, à l'organe souffrant. Ce transport des humeurs s'opère au préjudice des organes sains: *tous suspendent leurs fonctions; l'instinct diminue chez la bête, l'esprit chez l'homme se refuse à réfléchir; la locomotion est lente, ou cherche le repos; le pouls tombe ou se précipite; bien que l'affection soit localisée, la prostration est générale.* Ces phénomènes de débilité accidentelle dans l'état de maladie peuvent devenir permanents par excès ou par défaut dans l'état de santé. En veut-on des exemples? La poule qui engraisse trop cesse de pondre; les oiseaux et même certains quadrupèdes perdent en cage jusqu'à l'appétit de l'accouplement; chez l'espèce humaine l'obésité donne l'ébêtement, l'énervation, et fait perdre de bonne heure la fécondité. Ces infirmités de l'état de santé, et qu'on pourrait appeler une seconde nature, sont très nombreuses; nous citons celles-là entre mille. En un mot, *l'exercice anormal d'une fonction, soit par excès, soit par défaut, affaiblit d'abord les autres fonctions, et si la cause se perpétue, débilite l'organe lui-même.*

Au bas de la magnanerie le ver-à-soie se trouve dans ces conditions : l'exès de chaleur l'y force à manger sans appétit, ou l'humidité, le trop de vapeur d'eau combinés avec les miasmes et l'acide carbonique l'y empêchent de manger. Dans les deux cas il fait autant de mauvaises digestions qu'il prend de repas. *Les parenchymes réservés au développement et à la nutrition des organes de la génération sont constamment détournés et absorbés par un exercice exagéré ou malade de la digestion.* De plus, il y a dans cet état de choses un premier caractère de perpétuité, *puisque le ver reste constamment dans ce milieu défavorable;* il y en a un second d'année en année, *puisque les graines sont tirées de ces mêmes sujets.*

Si les choses se passent ainsi, et si, comme nous le disons, le bas de la magnanerie est réellement un milieu défavorable au ver, n'est-on pas autorisé à admettre un affaiblissement graduel des fonctions génitales, et à la longue, une perversion de l'organe lui-même? Pour nous, il n'y a pas à en douter, et nous en concluons : *le rachitisme et la dégénérescence par l'infécondité.* La fonction exagérée de la digestion a détruit la fonction de la génération, en d'autres termes, *la production forcée d'un gros cocon par la chaleur a anéanti la production d'une bonne graine, comme la graisse chez la poule lui empêche de faire des œufs.*

Pour une ou deux onces de graines seulement, le local, quelque exigu qu'il soit, offre des conditions d'aération à peu près suffisantes. Pour un grand nombre d'onces, il est rarement bien convenable ; tous les désavantages s'y rencontrent : la transpiration des vers, la fumée des foyers, les exhalaisons de la litière, l'acide carbonique que dégage la feuille, le chauffage, surtout le chauffage au charbon de bois, l'odeur des vers qui pourrissent, l'humidité, tous ces principes s'accumulent à la fois et se condensent au bas de la magnanerie, surtout de la magnanerie coupée d'une voûte ou d'un plancher, et que souvent l'ignorance commande de fermer hermétiquement. De ce côté on traite le ver comme s'il ne devait pas respirer, ou s'il devait vivre d'un air infect. On oublie trop que l'air est un aliment de tous les instants. C'est parce que le ver-à-soie doit bon et bien manger, qu'il doit aussi bon et bien respirer ; l'air heureusement est si mobile, si subtil, qu'il s'introduit dans la magnanerie en dépit de l'impéritie de l'éducateur ; mais c'est là justement une surprise : parce qu'il y a de l'air dans la magnanerie, on ne se demande plus s'il est vital. Malgré ces tortures d'un air délétère, l'insecte, très bien poumonné, mangerait encore si on lui donnait de la feuille convenable. Le fait-on? le peut-on dans les grandes chambrées? Impossible, et c'est là le second grand vice de l'éducation.

XIV.

De l'aliment comestible : la Feuille.

Le ver-à-soie ne boit pas : comme toutes les chenilles, comme la sauterelle, comme l'escargot, c'est un insecte essentiellement herbivore, c'est-à-dire que son aliment doit comporter sa boisson ; il est de plus d'une rapacité caractéristique, c'est un grand mangeur par excellence. De même que les sauterelles se nourrissent d'herbe fraîche, et rien que d'herbe fraîche mangée sur pied, de même le ver-à-soie, pour être bien nourri, devrait manger sa feuille sur l'arbre ; ce n'est qu'en cet état de toute sa fraîcheur qu'elle offre au ver un aliment convenable, complet, parfait. Toute l'eau qu'elle contient en cet état est nécessaire à sa digestion ; le parfum qu'elle exhale et qu'elle perd rapidement en est le condiment ; c'est un élément de la feuille, comme le parfum de la rose est un élément de la rose. Nous soupçonnons que ce parfum entre pour une large part dans la fabrication de cette liqueur, dont la sèche muscardine est presque complètement privée, qui soutient la vie du ver lors de ses mues, qui l'aide à délayer et à dévider sa soie, dont il se sert pour brûler son cocon lorsqu'il doit en sortir, qui le soutient comme papillon ; peut-être aussi cette liqueur aide-t-elle au développement des germes, à leur fécondation. Le fait, du reste, n'est pas discutable ; il suffit que la nature ait donné à la feuille un arôme et une forte proportion d'eau pour admettre que ces principes lui sont essentiels et que le ver-à-soie perd beaucoup à ne pas les y trouver dans toute leur plénitude. Revenons à notre idée générale. L'homme peut, en tous cas, corriger ses aliments ; les animaux en général tempèrent l'effervescence inhérente à toute digestion par la boisson la plus sédative de toutes : *l'eau fraîche ;* le ver-à-soie ne le peut pas ; il doit donc trouver dans son aliment une fraîcheur, une aquosité qui supplée à la boisson, et qui facilite en même temps la déjection du résidu de ses digestions. La feuille a-t-elle ces qualités sur l'arbre? Oui.— Par le fait de l'éducation les a-t-elles au moment où le ver la reçoit? Non, la feuille telle qu'on la donne généralement a perdu, ce n'est pas peu dire, à peu près un tiers des qualités qu'elle a sur l'arbre.

L'éducateur qui n'élève que deux onces de graine ne ramasse guère la feuille par avance ; il n'a pas à faire de grandes provisions ; rien, en un mot, dans les petites exploitations, n'empêche que le ver soit fraîchement et régulièrement nourri ; un ou deux mûriers de la basse-cour suffisent pour mener la petite chambrée aux deux tiers de sa campagne ; de la basse-cour à la magnanerie, il n'y a pas loin, et le ver-à-soie mange ainsi une feuille aussi fraîche que sur l'arbre. Mais combien les conditions changent, sous ce rapport, dans les grandes exploitations ! En effet :

Durant la première et la seconde mue une personne, à elle seule, se charge souvent des soins de cinq, dix, quinze onces; elle ramasse en une fois de la feuille pour deux, trois, quatre données, c'est-à-dire pour deux jours; cette feuille, ramassée souvent loin de la magnanerie et précipitamment, est macérée dans la main, fortement pressée dans un sac où elle ne tarde pas à fermenter à un premier degré. On la porte à la cave, on la coupe, on en donne une partie, puis on porte encore à la cave ce qui reste. L'incurie n'est cependant pas poussée à bout par le plus grand nombre, le sens commun se réveille, et, si elle est par trop sèche, on la jette. Aux dernières mues on procède de même; s'il pleut, il y a disette et le ver reste sans manger, parce que la mauvaise disposition du local ne permet pas de la donner mouillée ; s'il fait beau, on fait de grandes provisions dans la crainte qu'il pleuve, le personnel d'ailleurs pouvant faire défaut. D'autres fois on va la ramasser ou l'acheter toute ramassée à cinq, huit lieues de distance, n'en trouvant sur place à aucun prix ; elle reste ainsi des dix, quinze heures dans les récipients, entassée par cent kilogrammes, brûlante de ferment. Enfin elle arrive au ver, avec les deux tiers seulement de sa fraîcheur ; il la flaire et n'y trouve qu'un avant-goût de son aliment propre ; il l'escalade, tourne, retourne sans rien trouver de meilleur; pressé par la faim et la chaleur la mange-t-il, c'est un mal; ne la mange-t-il pas, le mal est encore pire, car il entre en mue en dépit de la privation, ou bien il se retarde. De là son affaiblissement de mue en mue, sa dégénérescence d'année en année, puisque les graines sont tirées de ces mêmes sujets. Et l'on s'étonne après cela que le ver-à-soie ait dégénéré, que les graines se soient abâtardies ! Mais il faut s'étonner bien plus qu'il n'ait pas dégénéré plus tôt ! Est-ce là en effet un aliment propre ? Cette feuille si odorante, si fraîche, si aqueuse sur l'arbre a-t-elle, quand on la donne, ces mêmes qualités ? Reconnaissant qu'elle n'est plus bonne après quarante heures, il faut bien reconnaître qu'elle est moins bonne après vingt qu'après cinq, qu'elle n'est excellemment bonne que sur l'arbre. Du reste, faites encore cette expérience : Ayez quatre feuilles de mêmes conditions, dont une de quarante heures, une de vingt, une de dix, et une venant immédiatement de l'arbre ; présentez-les à un ver qui vient de manger, de manière qu'il puisse les flairer toutes quatre à la fois ; il choisira, n'en doutez pas, et vous montrera ainsi lui-même quelle est, de ces quatre feuilles, celle qui lui offre le meilleur aliment.

XV.

De la Magnanerie.

La magnanerie la plus simple se trouve être la plus convenable, celle qui réunit le mieux les conditions d'une aération uniforme, constante, tempérée, et où l'on peut choisir un milieu le plus favorable possible pour l'éducation des vers destinés au grainage.

Elle n'a ni voûte, ni plancher, et ne constitue par conséquent qu'une capacité unique du sol à la toiture.

La toiture est en tuiles disjointes, convexes, simplement posées sur soliveaux, et non sur un plancher. Dans les climats chauds du Midi, en Algérie, cette toiture peut être complètement isolée des murs qui la supportent, c'est-à-dire établir une claire-voie de 20 à 30 centimètres entre elle et les murs qui en sont fortement débordés, de manière à former un abat-jour et un abat-vent. Cette claire-voie est d'ailleurs armée d'abat-vents mobiles ou de rideaux destinés à parer aux inconvénients d'une température trop vive ou trop orageuse. En général la toiture d'une magnanerie ne doit avoir pour but que d'abriter le ver contre la pluie, le gros vent, et une température inférieure à 12 degrés, et que l'on peut toujours compléter par le chauffage.

La magnanerie modèle doit avoir au moins huit mètres de hauteur. Elle en aurait douze que ce ne serait que mieux. Elle est construite sur une voûte exhaussée au moins d'un mètre au-dessus du sol. Sous cette voûte est la cave où l'on remise la feuille. La voûte est percée de soupiraux symétriquement disposés en nombre suffisant (4, 8, 12, 16, 20), proportionnés à la grandeur du local. Ils ont 40 ou 50 millimètres de diamètre, et sont armés d'une soupape destinée à les fermer d'un quart, d'un tiers, à moitié ou entièrement, si le cas l'exige. On adapte à la soupape une feuille de papier double, de trente centimètres de diamètre, pour rabattre le courant et avertir du degré de sa force. Une autre série de soupiraux est pratiquée, rez-du-sol et près des foyers, aux murs latéraux.

Ce système d'aération, inutile, impraticable si l'on veut dans son entier, tant que les vers sont jeunes et dans un grand local, devient indispensable dans toute magnanerie dès la troisième mue.

A un mètre de hauteur, le courant des soupiraux doit être insensible; à deux mètres il doit être entièrement dissipé, au point de ne pas faire vaciller la flamme d'une bougie. A une hauteur de cinq à six mètres, l'air doit être complètement calme, avec une température de 12 degrés au moins, de 20 degrés au plus, en moyenne de 16 degrés; moins de chaleur quand ils ne mangent pas que lorsqu'ils mangent. C'est à la hauteur de 6 mètres que nous proposons de placer les premiers ver-à-soie. On n'y dresse d'abord qu'une table qui n'a que trois planches, soit 1 mètre 30 centimètres environ de largeur; la deuxième n'aura qu'un mètre 40 centimètres; la troisième, 1 mètre 50 centimètres. A la montée toutes les tables ou claies peuvent avoir 2 mètres.

On comprend que l'à-propos de la magnanerie modèle que nous proposons consiste surtout dans sa hauteur et la disposition en tuiles convexes de la toiture, débordant les murs jusqu'au dessous du niveau de la claire-voie. Par sa hauteur, le froid, le gros vent, sont tenus à distance; ce froid est d'ailleurs repoussé par le courant de chaleur des foyers qui agit et se dirige de bas en haut, tandis que les soupiraux peuvent tous être fermés dans le cas d'un froid excessif. Il faudrait qu'il fît bien froid pour que le ver ne se trouvât pas bien à un, deux, trois mètres au-dessous de cette toiture, et d'ailleurs la magnanerie est convenablement chauffée. Par sa disposition en tuiles libres, tout en opposant au gros vent, aux courants violents et au froid un obstacle suffisant, elle permet à l'air intérieur de se renouveler en s'échappant graduellement et tout d'une masse par le large tamis que lui offrent les disjoints de la toiture, alors que cet air se dilate par un excès de chaleur ou d'humidité. Les miasmes, l'humidité, la chaleur ne peuvent guère se concentrer dans ce local. Placé à un ou deux mètres au-dessous du toit, à six, sept mètres au-dessus du sol, le ver-à-soie en occupe le point le plus favorable.

Un grand nombre d'anciennes magnaneries peuvent

être transformées de manière à remplir à peu près les mêmes conditions; si la toiture est plus basse, on tient les vers à un mètre seulement de cette toiture, et s'il devait en résulter un froid ou des variations de température difficiles à combattre, on recouvre la toiture de branchages, de chaume, ou de planches jusqu'à la troisième mue. Des thermomètres placés sur divers points servent de guide à cet égard. Un baromètre est aussi très utile dans la magnanerie, et peut dans bien des cas être consulté.

Au haut de la magnanerie, on n'a à combattre que la froidure, or, on est généralement d'accord à admettre qu'un excès de froid nuit moins au ver qu'un excès de chaleur, quand ce froid n'est pas combiné avec l'humidité. Nous le répétons, au haut de la magnanerie le ver respire un air sec, vif, qui l'aide à faire de bonnes digestions; les ressorts de son organisme sont très bien tendus, il est dur au toucher. Au bas de la magnanerie, l'air semble y être plus chaud avec moins de chaleur; le ver y respire une moins grande quantité d'oxigène, une forte proportion en plus de vapeur d'eau, qui relachent son système nerveux; aussi on peut remarquer qu'il y est mou, flasque, languissant; et si, la montre à la main, on compte le nombre des battements de son intestin soyeux, on trouvera une différence sensible; ceux du ver élevé à la plus haute table seront plus amples, mieux marqués, moins nombreux.

XIV.

Éducation régénératrice.

La petite fraction des vers destinés à fournir les graines est installée dans le même local que la grande exploitation.

Nous l'avons déjà dit, le point de la magnanerie le plus salubre est, — en raison de la disposition particulière du local, de sa hauteur, — à un, deux ou trois mètres du toit. C'est là que doit être placé le petit lot régénérateur. Son installation n'a rien de bien difficile. Elle consiste en une ou plusieurs cages de construction très légère, appropriées quant à leur forme à la disposition du local, et quant à leur nombre et au nombre de leurs claies, aux besoins de l'exploitation. Il est préférable, pour plusieurs raisons, qu'elles soient plus petites et plus nombreuses. Dans ce dernier cas on peut faire des essais : en placer une sous le toit, une à un mètre, une à deux, une à trois, une à quatre mètres. L'expérience comparative étant faite avec intelligence durant plusieurs années, en donnant des soins égaux, on s'assurera ainsi quel est le milieu qui convient le mieux en vue de la réussite, de la bonté du cocon, et de la vigueur des papillons qui en proviennent.

On hisse ces cages à l'aide d'une poulie fixée à la toiture. On ne les descend que pour donner les repas et déliter. On les abaisse d'un mètre ou deux si un froid accidentel empêchait les vers de manger comme d'habitude. Chacune de ces cages est du reste munie d'un thermomètre. Elles sont suspendues vis-à-vis les marges de la magnanerie. Les vers doivent y coconner; alors on en augmente le nombre, ou bien on place ces vers à la plus haute table.

Il est bien entendu que la petite exploitation ne doit être nourrie que de feuille venant immédiatement de l'arbre.

La feuille ne doit pas être coupée; on règle le nombre des données à l'appétit des vers.

On leur réserve les mûriers de la basse-cour, ou du champ le plus voisin; on leur donne de la feuille sauvage de préférence, afin qu'ils engraissent moins, qu'ils soient moins soyeux; ou de vieux sujets non taillés, fortement exposés au soleil du midi. Les éducateurs qui n'ont pas de mûriers à proximité de la magnanerie en achètent à leurs voisins, à tout prix.

Nous voudrions pouvoir annoncer à son de trompe, à tous les sériciculteurs, cette double innovation comme une bonne nouvelle, car nous sommes convaincu que les succès seront décisifs comme réussite, et qu'après deux ou trois campagnes, la régénérescence, à moins qu'on emploie de trop mauvaise graine, sera obtenue par tous ceux qui auront pu mettre exactement le procédé en pratique.

Mauvais air, feuille sèche, voilà le mal.

Air vital, pris au haut de la magnanerie, feuille fraîche, venant de l'arbre, voilà le remède, et pour la réussite et pour la régénérescence.

XVII.

Résumé et Préceptes.

MAGNANERIE. — *La magnanerie ne constitue qu'une capacité unique du sol à la toiture.*

2° *Elle n'a donc ni voûte, ni plancher.*

3° *Elle doit avoir au moins huit mètres de haut et peut en avoir plus avec avantage.*

4° *La toiture doit être en tuiles posées, non sur plancher, mais sur soliveaux, afin que l'air s'y tamise le plus possible.*

5° *S'il en résultait un froid difficile à combattre, on couvre la toiture de nattes ou de planches, jusqu'à ce qu'on ait obtenu au moins 12 degrés Réaumur de chaleur. Lorsque le froid n'est plus difficile à combattre, que l'air extérieur est calme, non-seulement on enlève ces doublures, mais on soulève légèrement, dès la troisième mue, par de fortes chaleurs, çà et là et d'une manière uniforme, bon nombre de tuiles.*

6° *La magnanerie doit avoir deux séries de soupiraux : une à la voûte donnant dans la cave, l'autre aux murs latéraux, rez-le-sol, près des foyers.*

7° *Ces soupiraux sont munis d'une soupape ou d'un tampon. Les soupapes sont armées d'une feuille de papier qui, par son agitation, avertit de la force du courant. Ce courant doit être permanent, mais insensible. Selon le cas, l'on ouvre ou l'on ferme les soupiraux, en tout ou en partie.*

8° *Le chauffage ne doit pas être exagéré, ni par secousses, mais il doit être constant : il faut toujours des feux, même par de grandes chaleurs ; c'est le cas de laisser la magnanerie grand ouverte dès la troisième mue, de deux à trois heures du soir.*

9° *Si le local est trop vaste pour le début, on cloisonne artificiellement soit avec des planches, soit avec des toiles, mais il ne faut jamais plancheyer au-dessus du ver.*

Tables. — 10° *On ne doit faire les tables qu'à mesure qu'on en a besoin. Pour la même raison il ne faut pas leur donner de suite toute leur largeur.*

11° *Les claies de roseaux sont de beaucoup préférables aux tables en planches.*

12° *Les vers, dès le début, doivent être placés au haut de la magnanerie et non en bas, à la plus haute table, à cinq ou six mètres au-dessus du sol, à un ou deux mètres au-dessous du toit ; plus haut encore, si le toit est à dix mètres. On ne les descend qu'à mesure que le besoin s'en fait sentir.*

13° *Le lot du grainage doit être hissé au haut de la magnanerie à l'aide d'une poulie. A titre d'essai, on peut avoir plusieurs cages; une est tenue à un mètre sous la toiture, une à deux, une à trois et une à quatre mètres.*

FEUILLE. — 14° *Ne donnez que de la feuille venant de l'arbre. Ne la ramassez pas d'avance. Si, ramassée en grande masse alors qu'il en faut beaucorp, elle s'échauffe, agitez-la, faites-la sauter, puis donnez-la, au lieu de la laisser séjourner dans les caves. Si la feuille est trempée de rosée ou de pluie, mêlez-la bien, agitez-la, et ne donnez la ration qu'en trois fois, avec un ou deux degré de plus de chaleur. Afin d'avoir de la feuille plus fraîche, les femmes de peine doivent aider les hommes à la ramasser, et à leur tour les hommes doivent aider les femmes à la donner. De cette manière le ver est bon et bien servi.*

15° *Les vers du grainage devant manger de la feuille venant de l'arbre, il ne faut pas la presser dans des sacs. On ferait mieux de la mettre dans un panier. La feuille coupée perd rapidement son aquosité et son parfum. Ne la coupez donc pas pour le lot du grainage. A titre d'essai, donnez deux fois par jour à une des cages, trois fois à une autre, quatre, cinq fois à une autre.*

16° *Réservez les mûriers voisins de la magnanerie pour les vers du grainage. Ceux qui n'en ont pas à proximité doivent en acheter à tout prix.*

ECLOSION. — 17° *Débutez par de la bonne graine.*

18° *Mettez éclore de bonne heure; la marche de l'édu-*

cation doit s'accorder avec la marche de la feuille: au jeune ver de la jeune feuille.

19° *Mettez éclore un peu plus de graine qu'il n'en faut à l'exploitation. Préparez l'éclosion de longue main et faites éclore doucement.*

20° *Mettez de côté les premiers et les derniers éclos. Réservez la plus belle issue pour le grainage.*

21° *A la première mue, abandonnez ceux qui ne sont pas endormis et ceux qui ne sont pas réveillés. Faites-en de même jusqu'à la troisième mue. Ne sacrifiez ces derniers qu'autant que vous êtes sûrs que l'élimination n'a pas été trop forte.*

22° *Espacez bien les vers et délitez-les souvent, surtout avant de les endormir.*

23° *A l'approche des mues, coupez la feuille, donnez-en peu et souvent, et évitez alors de la donner mouillée.*

24° *Faites grainer à la cave. N'acceptez que les papillons de belle apparence, les plus fringants. La blancheur de leur duvet, le jaune citron de leurs anneaux, leur bourdonnement sont de bons signes.*

25° *Evitez une chaleur excessive autant qu'un froid excessif. Trop de chaleur nuirait plutôt que trop de froid, si ce froid n'est pas humide et soumis à un courant. Les thermomètres marquent généralement le degré de chaleur qui convient à chaque mue.*

26° *Les vers tenus trop épais donnent les petits ou goujats.*

27° *Le trop de chaleur, le manque d'air, l'*humidité *et une* nourriture sèche *donnent la muscardine.*

28° *Le trop de chaleur, le trop de lumière combinées*

avec l'humidité, donnent les gras et les jaunes, ou lépreux.

29° *Les transitions du chaud au froid par un courant, donnent les flasques ou noirs.*

30° *La gattine est un avorton, rachitique constitutionnel.*

31° *Les vers de choix au haut de la magnanerie, sont à l'abri de tous ces inconvénients : ils ne mangent à ce milieu que ce qu'ils peuvent bien digérer,* la fonction de la digestion n'y absorbe pas celle de la génération, *ils n'y engraissent pas et ils donnent de la bonne graine.*

Sommes-nous toujours dans le vrai, dans nos appréciations des causes sur les maladies et la dégénérescence? Oui ou non, peu importe au fond. — Quelles que soient ces causes, nous avons la conviction qu'*en ne nourrissant le ver que de feuille venant immédiatement de l'arbre et le plaçant au plus haut de la magnanerie*, on obtiendra des succès décisifs et l'on verra disparaître peu à peu l'infécondité. Nous en répondons, et c'est bien là le point important.

FIN.

www.ingramcontent.com/pod-product-compliance
Ingram Content Group UK Ltd.
Pitfield, Milton Keynes, MK11 3LW, UK
UKHW021105270726
13993UKWH00006B/1029

9 782329 321462